国家自然科学基金面上项目(项目编号:51974194)
国家自然科学基金青年科学基金项目(项目编号:51704204)

厚煤层残煤复采采掘工作面围岩
控制技术及矿压显现规律

王 开 著

应 急 管 理 出 版 社

· 北 京 ·

内 容 提 要

本书结合我国厚煤层残采的赋存特征，针对残煤复采生产实践中存在的问题，系统地对厚煤层残煤复采采掘工作面围岩控制及矿压显现规律进行研究。本书的主要内容有残采区煤层赋存特征及残煤复采类型、残煤复采巷道掘进围岩控制技术研究、厚煤层残煤复采采场覆岩结构及运移规律研究、残煤复采综放工作面支架—围岩关系及支架选型研究、残煤复采采场围岩综合控制技术及残煤复采工作面矿压显现规律研究。

本书可供采矿工程、岩土工程、力学等专业的本科生和研究生参考学习，也可供相关科研工作者、煤矿企业工程技术人员及高校师生阅读参考。

前　　言

　　煤炭是我国的主要能源。20 世纪之前，受旧式开采条件的限制，我国大部分矿井采用巷柱式、巷放式或残柱式开采方法，煤炭资源回收率不足 30%，造成我国煤炭资源大量的浪费，其中不乏无烟煤、焦煤等稀缺优质的煤炭资源，严重制约着我国煤炭工业可持续发展。

　　随着采矿理论和采矿工艺的发展，这些未被有效利用的残留煤炭资源（简称"残煤"）得到开发利用，残煤复采是我国实现煤炭工业可持续发展的一个有效途径。尽管厚煤层的残煤复采在经济和社会效益上的优点是突出的，但是通过近些年残煤复采的生产实践可以看出，厚煤层残煤复采开采难度大、成本高，在巷道掘进及采场围岩控制方面，尤其是复采破碎围岩巷道掘进、复采采场覆岩结构及运移规律、工作面支架选型、矿压显现规律等方面的研究成果不足以指导我国厚煤层残煤复采的生产实践，这些因素在不同程度上限制了残煤复采的发展。

　　2012 年，弓培林教授团队承担了"大型煤炭基地难采资源高回收率开采关键技术集成示范"十二五国家科技支撑计划课题。课题以实现旧采残留煤炭资源的高效开采、提高煤炭资源回收率为目标，建设旧采残煤长壁综放示范工作面，形成残煤区积水、积气采前处置，残煤区巷道稳定性控制，残煤长壁综放采场围岩控制，残煤长壁综放采场安全保障理论及关键技术。该课题的研究极大地丰富了残煤复采开采理论，研究成果对我国残采煤炭资源安全、高效、高回收率复采起到显著的推动作用，同时促使残煤复采成为非常有发展前途的开采技术。

本书主要以山西晋城地区圣华煤业和关岭山煤业 3 号煤层残煤复采的生产实践为研究背景，结合矿井在残煤复采巷道掘进及工作面回采过程中遇到的问题，研究了复采巷道围岩的应力分布规律，并针对不同赋存条件下的复采巷道围岩提出相应的围岩控制方案；建立了以"残煤复采采场覆岩不规则岩层块体传递岩梁结构模型"为核心的残煤复采采场围岩控制理论；结合残煤复采采场特殊的覆岩结构建立了不同条件下的支架—围岩相互作用关系的力学模型，进而确定工作面液压支架工作阻力；提出了残煤复采采场围岩综合控制关键技术。本书最后采用数值模拟及现场实测相结合的方法，对厚煤层残煤复采工作面回采期间的矿压显现规律进行了研究。

在课题研究过程中，赵阳升院士、弓培林教授、康天合教授、梁卫国教授、冯国瑞教授提出了很多建议，并给予了极大的支持和帮助。课题相似模拟、理论分析及数值模拟部分得到了张小强博士、岳少飞博士、李建忠博士、靳京学高工、刘畅博士、李超硕士、张佳飞硕士的大力支持和帮助；在课题研究的现场工作中，得到了圣华煤业和关岭山煤业相关领导的帮助和支持。在此，向他们表示衷心的感谢。

厚层残采煤炭资源的安全高效复采技术仅仅是一个开始，大量细致的研究工作还有待于开展和完善。愿本书的出版能够起到抛砖引玉的作用，让厚层残采煤炭资源安全高效复采技术的研究引起同行的高度重视，共同为我国煤炭工业可持续发展做出贡献。

由于能力和水平有限，书中难免存在偏颇与疏漏之处，恳请读者指正。

著 者

2020 年 3 月

目　　录

1 绪 论

煤炭是我国的主导能源，也是重要的工业原料，是我国经济和社会可持续发展的重要物质基础。过去几十年经济发展的实践表明，我国国民经济与煤炭发展之间始终保持着唇齿相依的关系。自改革开放以来，煤炭支撑了国内生产总值实现年均 9% 以上的增长速度。近年来，随着现代化大型综采设备的推广使用，我国建设成一批高产高效的集约化生产矿井及大型煤炭基地，为我国煤炭产业稳步发展奠定了基础，2018 年全国煤炭消费总量 27.4 亿 t 标准煤，占全国一次能源消费总量的 59%。

我国目前的能源结构呈现"以煤为主、多样化发展"的发展趋势，且我国以煤为主的能源结构将长期保持不变。但我国煤炭总体回收率偏低，尤其是 20 世纪之前开采的煤炭资源，受旧式开采条件的限制，旧采区遗留大量优质的煤炭资源。据调查，自新中国成立以来，我国累计产煤约 460 亿 t，据不完全统计，煤炭资源的损耗量超过 1300 亿 t，最大可能达到 2200 亿 t，即使按 1300 亿 t 计，也至少破坏了 840 亿 t 煤炭资源。

以山西为例，20 世纪 80 年代，煤炭资源开始被大规模开发，受当时开采技术条件限制，除主要的国有及地方国营煤矿之外，大多数矿井采用了非正规的房柱式开采体系，技术体系陈旧，机械化程度低，资源回收率一般不超过 30%，部分矿井甚至仅为 15%，井下遗留了大量的煤炭资源（简称旧采残煤），仅山西地区旧采残煤的资源量就达 263 亿 t。山西煤矿企业兼并重组整合后，煤矿企业为了提高产量及生产效率，对待这些残留煤炭资源常规的方法是弃采，即只采其下部完整的实体煤，旧采残留的大量煤炭资源不纳入矿井开采系统而全部浪费。这种"采易弃难"粗放的煤炭开采模式，以高资源占有率、低采出率为特点，浪费了大量宝贵的煤炭资源。

据调查，旧采残煤资源多为浅部优质的稀缺煤种，以山西晋城地区为例，残采区遗留煤炭资源多为优质的无烟煤，煤质好，市场应用价值高。在目前的现有的煤炭开采技术和经济条件下，对旧式煤炭开采区域的煤炭资源，尤其是厚煤层残采区的遗留煤炭资源进行复采，不仅能使我国有限的煤炭资源得到充分的利用，而且能够促进我国煤炭工业的可持续发展，延长矿井的服务年限，促进地方经济的繁荣。尽管厚煤层的残煤复采在经济效益和社会效益上的作用是突出的，但是通过近些年残煤复采的生产实践可以看出，在巷道掘进及采场围岩控制方面，尤其是复采巷道掘进、复采采场覆岩结构及运移规律、工作面支架选型、矿压显现规律等这些方面的研究成果不足以指导我国厚煤层残煤复采的生产实践。进一步研究厚煤层残煤复采采掘工作面的围岩控制技术及矿压显现规律，对指导残煤复采生产实践、地方经济的繁荣和发展、煤炭工业的可持续发展有着重要意义。

1.1 残煤复采采掘工作面围岩控制技术研究现状

1.1.1 残煤开采技术研究现状

为提高煤炭资源利用率，高效地回收复采区残留优质煤炭资源，在进行残煤复采时，应优选高产高效的采煤法，因柱式体系采煤法回收率低，一般选择壁式体系采煤法。目前，适合残煤开采的方法主要有 4 种：①单一长壁法（适用于煤层厚，倾角小的残留煤柱）；②巷道长壁法（适用于采用落后采煤法开采的急倾斜煤层）；③掘进出煤（适用于存在大量小而散的残留煤柱）；④综采放顶煤开采方法。这些采煤法在不同矿区得到应用，综合机械化是复采采煤工艺的发展方向。

结合我国大多数残煤复采矿井的残煤赋存状态，相比于大采高采煤法，综放技术发展成熟、适应性强、回采效率高、装备能耗低，且我国厚煤层已广泛采用放顶煤采煤法开采，长壁综采放顶煤采煤法更适合于残煤复采，如白沟煤业、圣华煤业、尹家沟煤业、金鑫煤业等煤矿均采用长壁放顶煤采煤法进行残煤复采。在近 20 年的残煤复采的发展过程中，逐渐形成以长壁放顶煤采煤法为主的开采体系开采残留资源；国内不少学者针对残煤开采技术进行不同程度的研究。

张耀荣通过对莒山矿 3 号煤层"采顶丢底"旧式采煤法进行介绍，对复采过程中复采工作面过刀柱式煤柱的实践进行研究，研究表明，当工作面与煤柱夹角为 150°～300°时，工作面可安全进出煤柱。陈建荣等提出"单放"复采技术，解决了残采区巷道布置复杂、通风困难、工作面布置等问题。翟新献等重点研究了复采煤层房柱式采煤法采准巷道的布置及采煤工艺，并给出采煤方法的改进措施。王明立对刀柱式采煤法形成的煤柱稳定性进行研究并确定长壁工作面开采技术参数。龚真鹏针对红会一矿小窑破坏区综放复采工作面煤炭损失原因及提高煤炭回收率等问题进行研究，复采实践表明，优化工作面参数，采取顶煤预先弱化等措施，提高配套设备的适应性能够解决上述问题。谭国龙针对旧采区采用"采顶留底"的旧式采煤法开采后，顶板难以管理、支架撤出困难等问题，提出双掩护支架撤架技术，保证薄煤层安全高效复采。

宋保胜对厚煤层上分层采用刀柱式采煤法开采后遗弃下分层的煤炭资源进行

复采时以复采工作面布置为研究对象，提出横跨15 m刀柱隔离煤柱的综采放顶煤的采煤方法，通过矿压观测，支架过应力集中煤柱时，支架压力较大，端面冒漏严重，围岩难以控制等问题突出，经过不断实践，最终提出预放顶煤回采工艺，提前预裂顶煤，降低顶板压力，提高了资源回收率。杨洪文针对综采放顶煤开采方法对残煤复采的适用性进行分析，提出残煤复采综放工作面开采技术措施，很好地应用了放顶煤开采技术。孙和平对西安煤业公司残煤综采放顶煤相关实践问题进行研究，提出残煤综放适用条件为倾角小于15°，普式硬度系数为2.5~3的煤层。西山煤电白家庄煤矿采用综放复采技术，解决近距离易燃煤层复采问题。邯郸矿务局康城煤矿采用"走向长壁采煤法复采技术"配合单体支柱，取得了很好的经济效益。

1.1.2 残煤开采覆岩结构及运移规律

现场实践表明，作用在采场支架上的压力远远小于采场上覆岩层自然重量，因此已采空间内的支架必然是在某种能对上覆岩层起到支撑作用力学结构下工作。国内外学者为了在理论上解释这种现象提出了各种假说，也已形成较为成熟的技术，比较有代表性的分为以下几种学说：自然平衡拱假说、压力拱假说、"悬臂梁"假说、铰接岩块假说、"砌体梁"假说、传递岩梁假说、预成裂隙假说。

上述几种假说能对采场矿压的某些现象进行一定程度的解释，其中铰接岩块假说、"砌体梁"假说系统地研究了采场矿压的各种矿压显现规律，目前得到了较为广泛的应用。旧采区残煤复采作为采场矿压的一种特殊形式，国内外学者对旧采区残煤复采做了一定的研究，大多数都是一些定性的、局部问题的研究，其基本的矿压显现规律仍能在上述理论体系的框架内得到解释，但是由于其回采环境的特殊性，对于一些异于常规回采实体煤的显现规律，目前的研究仍有不足。这一方面是由于目前针对旧采区残煤复采的煤矿并不多，另一方面是由于虽然很多煤矿会面临过空巷的问题，但是空巷的跨度并不大、数量并不多，煤矿通过各种支护手段和现场经验一般能够解决，一旦面临连续过空巷或空巷跨度大的区域，出于安全与经济的原因，煤矿企业一般会搬家倒面。

马占国、蒋金泉等研究了用房柱式、短壁方法进行旧采区残留煤柱复采的问题。针对二次回采过程中超前煤柱大面积失稳的问题，以房柱式残留煤柱综合机械化、充填法处理顶板（充填综采采空区，房柱式采空区不充填）为背景建立了矿柱和采空区充填体共同支撑的弹性板柱的力学模型。并提出了复采回采煤柱垮落法处理顶板面临的两个难题：①复采工作面回采单个煤柱时，可能会出现超前断裂，导致台阶下沉，摧毁工作面设备；②复采工作面回采连续煤柱时，当一个煤柱失稳时，其前方下一个煤柱上承载压力会更大，也可能失稳，以此类推，连续煤柱可能会在一定空间范围内连续失稳，造成大面积的顶板破坏，产生大规模的冲击地压。

郭富利研究了复采工作面过空巷围岩控制理论，通过理论分析确定了基本顶的超前断裂位置位于空巷附近，并建立采场的关键块力学模型分析关键块的稳定性，对采场的"小结构"的承载结构进行分析。柏建彪教授、侯朝炯教授利用"关键块"假说建立了空巷基本顶力学模型，并提出了高水材料充填空巷的充填技术和支护参数。杜科科和周海丰针对神东矿区哈拉沟煤矿综采面过大断面巷道提出了过空巷前停采"等压"新技术并确定了等压相关参数。

姜福兴教授针对采场基本顶的结构，通过模糊数学理论对其进行了定量的描述，提出了用岩层质量数值法来对覆岩质量进行判断。在此基础上将基本顶的基本结构形式归为"类拱""拱梁""梁式"。根据不同的岩层结构形式对应相应的支护关系。

杜科科围绕工作面过空巷新技术，在对工作面过实体煤顶板运动规律研究的基础上，针对工作面过空巷阶段顶板运动规律及顶板结构变化进行定量研究，通过数值计算、现场实测和理论分析研究确定了等压过空巷技术的参数。刘庆顺等采用高水材料对复采巷道通过浅孔深孔结合的方式进行"饱注"，成功接顶，破坏巷道的冒落矸石和煤体能与充填介质胶结，防止顶板大面积破碎和冒顶，煤壁稳定性较好，未出现片帮现象。杨荣明、吴士良采用弹性地基梁模型分析出工作面在过空巷时，基本顶断裂线位置必然在空巷正帮一侧的结论。基本顶断裂线的位置距空巷正帮越远，形成的顶板结构越有利于过空巷。

研究采场覆岩结构及运移规律对工作面的安全高效回采有至关重要的作用，尤其对于残煤复采采场来说，其采场围岩赋存条件及覆岩结构不同于正常的工作面，研究其采场的覆岩结构及运移规律对研究复采工作面液压支架选型、复采采场的围岩控制技术及矿压显现规律起到至关重要的作用。

1.1.3 残煤复采巷道围岩加固与支护技术

残煤复采的开采对象主要是旧采遗留的顶煤、底煤和遗留煤柱，且多为小块段形态。围岩的完整性遭到不同程度的扰动，在开采时容易导致冒顶、漏顶事故，是困扰复采巷道布置的最大问题。多年来，广大科研人员对残煤复采巷道掘进及支护理论进行了深入而广泛的研究。

吴振启、杨瀚针对平朔井工二矿复采巷道掘进过多条裸漏小窑空巷时，采用原支护方式造成大面积片帮、漏顶的情况展开研究，采用锚杆、锚索、"W"钢带、架棚联合支护的方式安全通过小窑空巷群，保证了巷道施工的安全，节约了煤炭资源，提高了煤炭资源的回收率。

路明文为了防止崔庄煤矿原轨道大巷改道取直穿越上层煤大范围采空区时，

发生大面积冒顶的危害，决定采用导硐法先在距采空区下方一定厚度的底板岩石中掘进小断面巷道，采用工字钢梯形架棚支护，然后在导硐内对顶板注浆加固，形成再生顶板，达到扩帮挑顶要求后，再对导硐进行扩大至设计断面尺寸，扩大后的巷道永久支护采用锚网喷配合 U 型钢拱形可缩性金属支架联合支护。

晋煤集团张亚奇在研究寺河矿回风大巷掘进经过 250 m 的空区时，将掘进巷道所遇形态划分成六类，并提出掘进巷道沿煤层顶板过渡到沿煤层底板的过渡段、采空区顶板好段、顶板冒落或冒完且冒落矸石基本稳定段。实践证明，根据冒落围岩的不同状态，有针对性地采取锚喷（组合锚杆）、注浆加砌碹的联合支护方式和相应的施工方法，是复采巷道掘进经过较长空区的一种行之有效的支护方法。

梁文学以阳城惠阳煤业为例，在对采空区顶底板岩性实验分析的基础上提出了小导管临时支护和钢筋混凝土永久支护的支护设计方案：管棚在巷道掘进施工前沿巷道轮廓线超前布置于巷道掘进前方的破碎围岩体内，永久支护设计在直墙部位采用钢筋混凝土补强支护，收到了很好的支护效果。

李苏龙等针对宏远煤业在掘进总回风巷时遇到老矿原有空区和空巷，并且上层岩体均已垮落，掘进过程中顶板随掘随塌，顶板上层冒落形成高冒区的实际情况进行了理论分析、数值模拟和矿压观测等技术探讨，根据掘进巷道遇到高冒区和空巷的不同情况采用化学注浆加固、锚杆、锚索网与料石墙、工字钢棚多种联合支护技术手段对高冒区内掘进巷道进行围岩加固支护，解决了整合矿井采空区内掘进巷道围岩覆岩强度较低、自承载结构能力差的围岩控制技术难题。

王龙龙等为解决龙门煤矿 2404 工作面回风巷极松散粉末状煤体巷道支护难题，提出了极松散煤体巷道注喷锚内外承载结构控制原理，采用了自钻式注浆花管超前长孔大范围预注浆固结散煤，提高松散煤体力学性能；煤帮喷洒化学浆液，形成封闭薄层；高强锚杆支护系统强化支护及钻注锚一体化中空注浆锚杆二次注浆加固技术，增强了承载结构稳定性，形成了控制围岩稳定的内外承载结构，并经过矿压观测表明，巷道围岩持续大变形得到有效控制，巷道维护满足了生产要求。

刘洪林等在解决张双楼矿材料巷掘进至断层交错带发生冒顶事故的问题时，针对冒落区形态松散、冒落高度高、冒落面积大、近似"漏斗状"且随掘随漏的特点，决定采用"破碎围岩注浆加固——高深冒空区注浆充填——掘进并支护"的方案。即首先采用"撞楔法"对冒落巷道迎头进行临时支护、构造人工假顶；再对松散煤岩体注浆，加固人工假顶、充填冒空区；最后在锚网索支护基础上进行套棚加强支护。

山西兰花集团的宋保胜、李勇等研究兰花集团莒山煤矿刀柱复采回收 3 号煤层煤炭资源的课题时，发现掘进巷道经常与旧采巷道掘透，由于旧采巷道多为木棚支护且受采动压力影响及巷道弃置时间较长，木棚腐烂，旧巷已全部冒落，高达 5~6.5 m，宽 4.5~6.0 m，严重制约着刀柱复采工作面巷道掘进速度。采用 ZKD 高水速凝材料预注浆、滞后注浆对巷道松散围岩进行固化加固，取得较满意的应用效果。通过系统地监测，初步掌握了冒落塌陷区松散破碎围岩巷道在掘进影响阶段、掘后稳定阶段和回采影响期间围岩活动状况及其规律。实践证明，该技术具有控制松散破碎围岩效果好、技术经济效益显著、施工安全等优点。

范明建等人针对安家岭井工二矿 9 号煤层采用了综合探测技术对小煤窑破坏区进行了详细探测，并根据巷道布置与小窑采空区的空间位置、围岩结构状况等不同条件，提出采用"超前预注浆＋架棚支护""高预紧力强力锚网支护＋工字钢棚复合支护"等巷道支护方式，对小窑影响区域的巷道围岩进行加固与支护。

综上所述，对于复采巷道支护的支护方法，目前的研究成果认为无论是被动支护还是主动支护甚至是综合使用，都无法完全解决散碎围岩中的支护问题，因而必须研究新的支护体系以适用于复采巷道的支护工作。对围岩进行注浆施工，加固松散顶板和围岩，为掘进施工提供安全作业空间，已成为公认的较安全的施工方案。在巷道支护体系中使用注浆工艺提高围岩本身的力学性能，已经成为围岩控制技术发展的主流方向之一。

1.1.4 残煤复采工作面围岩控制技术

中国矿业大学张洪伟等通过实地调研杨庄煤矿复采区具体工程地质条件，运用数值模拟软件 UDEC4.0 模拟复采工作面回采过程，分析了工作面推进过程中上覆岩层运移规律、裂隙发育情况及超前支承压力分布情况；确定直接顶初次垮落步距、基本顶初次垮落步距、周期垮落步距、裂隙带高度、超前支承压力峰值和采动影响范围，掌握了研究区破碎围岩矿压显现规律。

杨本生等针对厚煤层遗留底煤层复采顶板破碎情况，提出采用高水材料超前注浆固结顶板的方法，使有效胶结成具有一定强度的整体再生顶板，实践证明能够满足复采围岩及顶板稳定性的要求。

段春生通过对资源整合矿井沙坪煤矿 1802 工作面内小窑破坏区情况进行分析，对前方空巷支巷应用木垛配合点柱的方案。在回采过程中受采动影响，空巷处压力显现强烈，采取打木垛、锚索配合钢带加强支护，并对推进期间压力进行实时监测：顶板下沉量与空顶面积呈正比关系，与工作面的推进速度呈反比关系。

黄贵庭针对工作面过煤柱时，顶板压力大，围岩变形严重等问题，根据复采工作面回采经验，提出超前工作面 5 m 爆破预裂煤柱顶板，并采用螺纹钢锚杆对煤壁片帮进行控制，取得良好的支护效果。

张芳等人首次采用有限元分析软件 ANSYSY 对残煤复采进行模拟研究，分析对比预留煤层假顶和不留煤层假顶情况下煤层顶板应力及位移状态。研究表明预留假顶情况比不留假顶时应力变化缓慢，位移变化小，说明预留假顶对工作面起到保护作用，对顶板围岩应力起到转移作用。

李凤仪等人研究了薄煤层下分层复采工作面顶板控制技术，提出围岩控制的技术措施，针对煤层顶板破碎情况不同，提出不同的支护方式。当顶板较为破碎时，宜采用挂金属网、金属顶梁及液压单体支柱的联合支护方式支护；当顶板较为完整时，宜采用液压单体支柱、铰接顶梁联合支护方式进行支护。

复采工作面中存在旧空区、煤柱，因开采时间长，围岩应力分布复杂，工作面顶板回采过程中受空巷影响强烈，采用注浆加固技术能够很好地解决复采技术问题，既节约成本又为复采提供良好的条件。

1.2 残煤复采存在的问题

旧采残煤资源多为浅部优质的稀缺煤种，煤质好，市场应用价值高。在目前的现有的煤炭开采技术和经济条件下，为了提高矿井的经济效益、合理配置煤炭资源、延长矿井服务年限，已经进行了残煤复采的生产实践，国内不少学者也针对残煤资源的赋存、覆岩结构、巷道掘进围岩控制、工作面采场围岩控制、安全保障等方面进行了不少的研究，取得一定的成效。

事实上，到目前为止，真正实现残煤复采的工作面屈指可数，且大部分矿井残煤复采工作面处于试验阶段，复采工作面围岩控制也采用没有任何理论支撑的传统架木垛、打钢钎等安全隐患较高的控制方式，而且对于其他煤层赋存条件的残煤采用其围岩控制方式是不相适应的。换言之，具体条件下的个别残煤复采工作面的试验成功并不代表一种采煤方法或采煤工艺的成熟，影响其发展的主要因素如下：

（1）残煤复采围岩控制理论研究不能满足生产实践要求。目前，厚煤层残煤复采放顶煤开采的围岩控制理论几乎是空白。1990—2013 年，全国各类期刊有关实体煤放顶煤开采的文章近 4000 篇，其中不乏大量的硕士、博士论文，而残煤复采放顶煤开采的文章仅 30 余篇，且多偏重于现场实测或应用。对于残煤复采放顶煤开采围岩控制理论的研究甚少，因而不能正确地提出残煤复采放顶煤开采的适用条件，进而也提不出合理的围岩控制技术及方案，这将严重阻碍残煤复采放顶煤开采的推广应用。

（2）残采区域内空区、空巷及冒顶区分布不清楚。残采区主要形成于 20 世纪 90 年代以前，大部分矿井采用巷柱式、巷放式（高落式）采煤法，以及反复送巷道不进行回采的残柱式开采等严重浪费煤炭资源的开采方式。由于当时生产管理不规范，且几乎所有的矿井缺乏高级技术人员，造成了开采技术资料不全、丢失，甚至没有编制开采技术资料的现象，由此导致了在复采过程中无法掌握残采区域内空区、空巷及冒顶区的分布情况。

（3）复采巷道围岩结构复杂、围岩破碎，巷道掘进围岩控制难度大。残煤复采巷道掘进围岩控制主要受巷道围岩类型、围岩破碎情况、巷道围岩力学性质等因素的影响，残煤复采巷道掘进和普通的巷道掘进的条件有先天性的差异，复采条件下掘进的巷道受到原采动的影响，破坏了原来自身的支撑结构和岩石力学特性，很多巷道在原煤柱高应力区施工，增加了施工的难度，支护的技术也不明确。在残煤复采巷道掘进过程中，工作面围岩控制技术措施研究的较少，尤其是对于复采巷道掘进过大范围冒落区的掘进方法和巷道围岩控制技术的研究有限，对于支护的效果往往达不到预期的目标。目前对复采巷道掘进过程中巷道顶底板及围岩应力分布规律研究还处于未知阶段，并没有一套完整的理论体系支撑。

（4）残煤复采采场覆岩结构、运移规律及矿压显现规律尚未形成完整的体系。目前有关残煤复采采场覆岩结构及运移规律的研究，主要是利用"关键块"假说对基本顶来压机理和来压强度进行分析和计算，进而提出相应的支护方式，而对工作面过空巷顶板超前断裂机理及产生超前断裂后工作面支架支护强度的特殊性鲜有研究。工作面液压支架选型及采场的运移规律主要依靠生产实践判断，对残煤复采综放采场的覆岩结构及其运移规律、工作面液压支架选型方面的系统性研究相对较少。目前尚没有人系统地对复采采场围岩矿压显现规律进行研究，因此需要针对不同的覆岩条件及开采条件对复采采场的覆岩结构及运移规律作进一步的研究分析，为其他相似条件残煤复采的覆岩结构及矿压显现规律研究提供理论指导。

（5）残煤复采工作面液压支架工作阻力确定方法不明确。目前残煤复采工作面主要采用综放开采，受残煤复采采场覆岩结构的影响，残煤复采最主要的问题是工作面顶板端面冒漏、煤壁片帮及支架受力不规律等。常规确定工作面液压支架工作阻力都是基于工作面围岩是实体煤且顶板完整进行确定的，而残煤复采工作面因顶板破碎、空巷、冒顶区的影响，其顶板超前断裂导致工作面顶板压力及矿压显现规律不同于正常工作面；目前所有厂家生产的放顶煤液压支架都是针对实体煤开采设计并制造，并未考虑残煤复采的特殊性，因此需要针对残煤复采放顶煤工作面的特殊覆岩结构对其顶板压力、矿压显现特征进行进一步研究，进而研制出适宜的液压支架。

（6）没有形成具有针对性的残采区积水、积气探测及处置方案。对于残采厚煤层而言，煤体受旧采破坏，工作面推进过程中经常会遇到空区、空巷甚至冒顶区等复杂的煤层赋存情况。由于残采区形成时间较长，在空区、空巷中不可避免地会存在积水、积气的情况。对残采区内空区、空巷内积气情况的探测，目前没有较好的探测方法，只能依靠超前钻探来辨识，适用该方法的前提是必须明确残采区内空区、空巷的具体位置及走向。由此可见，到目前为止针对残采区内积水、积气的探测仍没有形成具体的、有效的探测方法及处置方案。

（7）工作面漏风问题严重。残煤复采的特点就是在错综复杂的空区、空巷内进行回采，而受旧采采动影响且经长时间放置，空区、空巷之间的煤柱必然形成大量的裂隙。这些空区、空巷及煤柱裂隙造成了复采工作面漏风问题严重，增加了工作面通风管理的难度。

1.3 研究内容

上述研究成果对我国残煤复采技术的发展起到了一定的推动作用，近年来，我国残煤复采生产实践也总结出了诸多切实可行的生产经验，并且已经有了一定的理论研究和实践基础，初步了解了残煤复采实践中存在的安全隐患及残煤复采开采的主要特点，对残煤复采巷道支护方法及技术有了一定的研究，对残煤复采采煤方法及矿山压力显现规律进行了初步的研究，并尝试给出了残煤复采采场围岩控制措施。但是，现有成果未对厚煤层残煤复采采场覆岩的破断结构及运动规律进行详细的分析，且未提出合理的残煤复采采场围岩控制方案，而且目前所有的研究均未详细地研究残煤复采巷道掘进围岩控制、支架与围岩的相互作用关系以及支架的稳定性，对复采工作面矿压显现规律的研究也鲜见报道。因此，有必要对厚煤层残煤复采巷道掘进的围岩控制理论、残煤复采采场覆岩结构及运移规律、残煤复采的围岩控制理论、残煤复采工作面矿压显现规律做进一步的研究，本书主要研究内容包括以下几点：

（1）对厚煤层残采资源的赋存条件、围岩特征进行分析，结合厚层残煤的赋存现状，对厚煤层残煤复采的类型进行划分，并对复采的可行性进行评价。

（2）以复采巷道的围岩结构及布置方式为基础，对复采巷道围岩的破碎情况及应力分布规律进行研究，对其变形破坏机理进行分析，并根据不同的巷道围岩条件给出合理的围岩控制方案。

（3）建立残煤复采采场上覆岩层破断结构模型，并对结构模型中"关键块"的破断机理、破断位置及失稳机理进行研究，得出残煤复采上覆岩层的破断规律；同时对影响顶板断裂结构的主要因素进行分析，从而找出残煤复采采场围岩控制的关键以确定合理的围岩控制方案。

（4）系统地分析残煤复采工作面支承压力的分布规律，以及支承压力分布及转移对顶板断裂结构及围岩控制的影响。

（5）从理论上分析复采综放工作面支架失稳机理及支架工作阻力影响因素，

分析复采工作面围岩运移及应力演化规律，建立复采工作面过煤柱、空巷支架围岩相互作用关系力学模型，得出两种状态下支架工作阻力计算公式，并结合数值模拟结果分析残煤复采采场的围岩变形特征和支架的工作阻力，为残煤复采液压支架的选型提供理论依据。

（6）结合残煤复采采场的覆岩结构及运移规律，分析残煤复采采场围岩控制的关键因素，从采场顶板断裂、煤壁片帮、端面冒漏、支架稳定性等几个方面研究残煤复采采场的围岩综合控制技术。

（7）采用现场实测及数值模拟的方法对不同条件下的厚煤层残煤复采工作面矿压显现规律进行分析研究。

2 厚层残煤区煤层赋存条件

山西省煤炭资源的赋存条件较为优越，且开采历史悠久。20 世纪 80 年代以前，由于开采工艺落后，资源回收率低，造成了山西省煤炭资源的极大的浪费，尤其是以往的小煤矿井田内上组煤层仍有大量的残留优质煤炭资源被丢弃。随着山西煤炭资源整合工作的逐步深入，这些小煤矿全部被兼并重组整合为大中型煤矿。在残采区内存在着大量空巷、空区及冒顶区，开采难度较大，大部分残采资源被当作采空区进行处置，不进行二次开发利用，造成煤炭资源的大量浪费。

2.1 煤矿残留煤炭资源的成因

所谓残留煤是在矿井生产中由于种种的主、客观原因造成的暂不可采煤。这种煤大多是一些边角煤、三角煤，煤柱，薄、极薄煤层，遗留顶、底煤及各种"三下"压煤。残留煤的存在使得煤炭资源回收率大大降低，造成了资源浪费、经济效益低下。

残留煤的成因有很多，可以大致分为以下几种：

（1）井田边界不规整损失。由于各种原因我国大部分矿井的井田边界不规整，尤其是采煤历史比较长的地区，井田划分不规范，出现许多边角，形成边角煤、三角煤损失。

（2）地质构造损失。在矿井巷道掘进或回采工作面推进过程中遇到探明或未探明的地质构造，比如陷落柱、断层等，要留有煤柱而形成的煤柱损失。

（3）巷道的保护煤柱损失。在矿井大巷和顺槽掘进过程中要留有保护煤柱，而这种保护煤柱在 8~50 m 及以上，当煤层采完后可以回收开采。

（4）采煤技术落后损失。由于技术条件落后，对于厚煤层分层开采或者中厚煤层未能一次采全高而造成煤层留有顶、底煤。0.8 m 以下无法开采的薄煤层。

（5）灾害事故造成的暂不可采煤损失。矿井生产管理不善，难免造成冒顶、水、火、瓦斯等灾害事故发生，致使某一工作面无法生产而滞留可采煤。等到一定时间以后仍能达到可采条件的暂不可采煤。

（6）历史遗留煤损失。主要是小煤窑不规范开采、采厚丢薄、采易弃难造成的遗留煤。

通过对山西省各个市县矿井的残采情况进行调研分析，山西省残采煤矿的资源损失主要以采煤技术落后损失和历史遗留煤损失为主，主要特征有两点：①煤质越优的区域残采情况越严重；②赋存深度越浅的煤层残采情况越严重。

2.2 厚煤层残采资源赋存特征

2.2.1 旧采采煤方法

由于地质条件和生产技术条件不同，旧采出现了多种类型的采煤方法，归纳起来，基本可分为壁式采煤法和柱式采煤法两大体系。从资源回收情况看，厚煤层旧采矿井开采完整块段煤层的资源采出率低，资源损失、浪费十分严重，这是由这类矿井在完整块段煤层中，采用非正规采煤方法决定的。下面以尹家沟煤业和圣华煤业旧采煤层开采情况为例说明厚煤层旧采采煤方法。

1. 巷柱式采煤法

巷柱式采煤法是在开采煤层内沿着煤层底板、顶板或煤层中部开掘巷道，具体位置由厚煤层分层后各分层煤质优劣而定。这些巷道将厚煤层中煤质最佳的分层切割成较大的方形或矩形煤柱（6 m×6 m～25 m×25 m），然后有计划地回采这些煤柱。采空区顶板不予处理。巷柱式开采法如图2-1所示（图中仅表示出巷道沿煤层底板掘进的情况）。

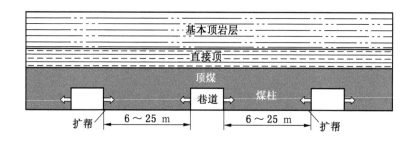

图2-1 巷柱式采煤方法示意图

2. 巷放式采煤法

巷放式采煤法是在开采煤层内沿着煤层底板开掘大量沿走向及倾斜的平行巷道，然后进行后退式爆破放顶回采煤炭资源的一种旧式厚煤层采煤法。这些平行巷道宽度一般为3～4 m，高度为2～3 m。平行巷道之间煤柱的宽度根据煤层赋存情况而定，一般为5～10 m。待巷道掘完后，采用后退式每间隔2～3 m打眼爆破顶煤，再通过人力或畜力回收落煤。由于巷道采用点柱支护，落煤的回收视顶板情况而定。采用该采煤法开采厚煤层后，在开采区域内残留的大量的煤柱及巷高较高的旧巷。巷放式开采法如图2-2所示。

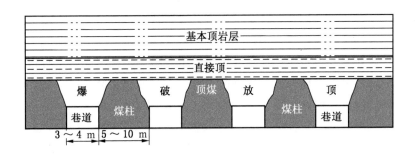

图2-2　巷放式采煤方法示意图

3. 残柱式采煤法（以掘代采）

残柱式采煤法是指沿着煤层的底板、顶板或煤层中部开掘主要运输平巷，具体位置由厚煤层分层后各分层煤质优劣而定（选择最优分层）。再在已经控制的煤层里，开掘许多纵横交错的巷道，把煤层分割成许多方形或长方形的煤柱。然后从边界往后退，采用以掘代采的方式顺次回采各个煤柱。这样仅回收巷道的掘进出煤，遗留的小煤柱支撑采空区顶板。

巷柱式、巷放式及残柱式等旧采采煤法开采的主要问题就是资源回收率低。采用旧采采煤方法开采后，整装实体煤资源的完整性被破坏，从而极大地增加了残煤复采的难度。

2.2.2　残采煤柱的赋存现状

矿井资源开采损失主要为厚度损失和面积损失。通过对厚煤层旧采采煤方法的分析，厚煤层旧采煤炭资源损失既包括厚度损失，也包括面积损失，其中采用巷柱式采煤方法开采的煤层既存在厚度损失，也存在面积损失。由于巷柱式采煤法开采厚煤层时，主要开采的是厚煤层煤质最优的分层，最优分层之外的顶分层或底分层被弃采，这就形成了厚度损失，而采用扩帮、掏帮和割三角煤后形成的煤柱被弃采，形成了面积损失。巷放式采煤方法开采厚煤层主要存在的是面积损失，巷放式开采时先沿煤层底板掘进平行巷道，然后采用顶板爆破放顶回收巷道顶煤，这样在这些平行巷道之间留设的大量煤柱被弃采，从而形成面积损失。残柱式开采同巷柱式开采相同，在开采煤层内既存在厚度损失也存在面积损失，采用以掘代采开采后大量的顶分层或底分层被弃采形成厚度损失，两条巷道之间留设的小煤柱被弃采形成面积损失。分析厚煤层煤柱残存现状主要是根据资源开采损失类型及所采用的采煤方法来确定。

13

1. 巷柱式采煤法开采后煤柱残存现状

巷柱式开采时由各巷道切割形成的煤柱回收方式主要采用掏帮、扩帮和割三角煤后退式开采方式。由于巷道采用简易的木点柱支护或无支护，因此掏帮、扩帮和割三角煤的范围视煤层顶板性质而定，能扩多大扩多大。煤柱的宽度及煤层强度决定了巷柱式开采后形成的空区宽度的大小。当煤柱宽度较小且煤层强度较小时，由于巷道围岩不稳定而放弃回收煤柱，此时旧采区内遗留的巷道宽度约为3～4 m；当煤柱宽度较大且煤层强度较大时，由于巷道围岩稳定，扩帮后形成的旧巷宽度最大可达12～15 m。巷柱式采煤法开采后煤柱的残存现状如图2－3～图2－5所示。由图分析可知，采用巷柱式采煤法开采后，旧采区内形成了大量的不规则的煤柱、空巷和空区，经长时间放置，部分煤柱失稳，部分空巷或空区顶板冒落，从而形成了极其复杂的残煤赋存形态。

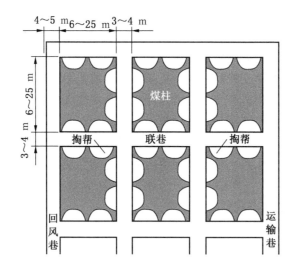

图2－3　掏帮开采残存煤柱示意图

2. 巷放式采煤法开采后煤柱残存现状

巷放式采煤法是厚煤层旧采时能够一次采全厚的开采方法。由该采煤方法开采的特点可知，在旧采区内形成条状的与煤层厚度等高的煤柱。旧采时受爆破放顶的影响，煤柱及直接顶受采动影响在回采时未垮落回收的顶煤或直接顶经长时间放置，受矿山压力的作用必然会发生局部垮落，从而引起基本顶的断裂或下沉。巷放式开采后旧采区内会形成煤柱—冒顶区交替出现的情况，巷式采煤法开采后煤柱残存现状如图2－6所示。

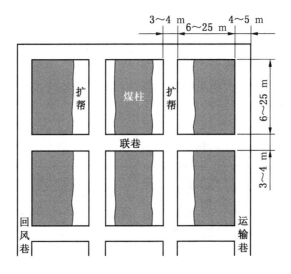

图 2-4　扩帮开采残存煤柱示意图

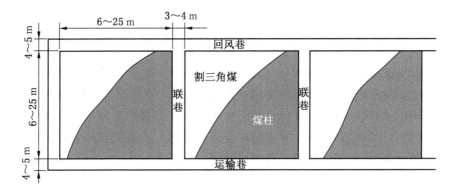

图 2-5　割三角煤开采残存煤柱示意图

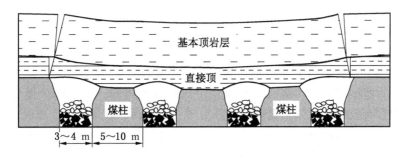

图 2-6　巷放式开采残存煤柱示意图

3. 残柱式采煤法开采后煤柱残存现状

依据残柱式开采的特点，旧采时所形成的巷道宽度较小，一般为 3～4 m，这些巷道经长时间放置可能发生小范围的冒顶或片帮，但整体上直接顶和基本顶的稳定性较好，不会发生大面积的顶板断裂或下沉。残柱式采煤法开采后煤柱残存现状如图 2－7 所示。

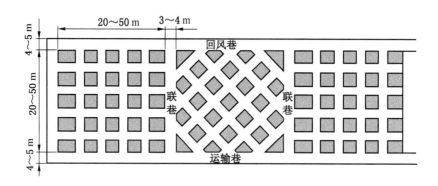

图 2－7　残柱式开采煤柱残存示意图

2.2.3　残采区煤层顶板分类

残采区煤层顶板是经过采动破坏冒落过的岩层，由于采空区水、覆岩压力等条件的差异，有些区域在合适的水及压力等条件下，岩层可胶结形成再生顶板，有些不具备再生顶板的条件，呈现松散结构。因此，从残采区顶板是否胶结，可把复采再生顶板分成胶结顶板和散体顶板。

1. 胶结顶板

残采区冒落岩层在合适的水、黏结性胶结物质作用下，经过长期的上覆岩层压力作用可形成胶结顶板。

1）胶结顶板再生机理

顶板再生原理和沉积物成岩过程相似，要经过一定的地质作用才能形成，其中主要的地质作用有两个：①压紧作用。岩石冒落以后在压力（自重、矿山压力）的作用下，松散的岩块逐渐压紧压实，空隙减小，密度增大，并失去大量水分，成为密实的整体。②胶结作用。由煤的成因可知，煤层的顶板是沉积岩层，里面含有胶结物，如二氧化硅、黏土质、碳酸钙、氧化铁等。顶板冒落形成块体，经压碎、风化成较小颗粒后，胶结物经过物理和化学变化又会将分散的颗粒结合在一起，重新形成板结的块体。

影响顶板再生的影响因素有顶板岩性、含水率、采深及压实时间等参数，具体表现为：一般含有泥质或胶结物较高的岩石破碎后易形成再生顶板；破碎岩石的含水率达到 7% 时胶结程度最佳；覆岩压力越大越易形成胶结顶板；压实时间越长，破碎岩石的胶结程度越高。在满足上述 4 个条件下，残采区破碎岩体较易形成胶结再生顶板。

2）胶结顶板特征

（1）工作面上覆岩层受采动破坏形成了散体结构、碎裂结构、块体结构。经过压紧作用和胶结作用，形成胶结再生顶板的岩体主要为散体及部分碎裂结构。

（2）由于散体结构岩体发育于垮落带，岩体结构形态及大小不一，岩体中节理及劈理等结构面组数多且密度大，散体结构带以碎屑、碎块、岩粉及夹泥为主，依靠散体结构面之间的微弱结合力，形成整体呈板状岩体特征的胶结再生顶板。

（3）顶板呈层状分布，垮落带下部的散体结构形成散体胶结岩体，垮落带上部碎裂结构形成部分碎裂胶结结构，向上依次为块裂层状结构及完整层状结构。

2. 散体顶板

残采区冒落岩石为硬砂岩或石灰岩类等，岩石之间呈松散支撑，冒落岩石相互之间无凝聚力，胶结性差，或是残采区不具备再生顶板环境条件，破碎顶板呈散体状。散体顶板有如下特征：①煤层顶板冒落岩石为凝聚力差的硬砂岩或石灰岩等，或是没有合适的水、压力等顶板再生的条件，岩体基本保持初次破坏形态；②冒落在采空区的岩体，在垮落带内呈碎块体、颗粒状，游离岩块易滑动、滚动，呈现散体结构特征；③顶板呈层状分布，从下至上的岩体结构分为散体结构、碎裂结构、块体结构、完整层状结构。

2.2.4　残煤复采破碎围岩特征

复采区存在大量的空巷，包括底板空巷和顶板空巷，底板空巷的顶板（顶煤或直接顶）基本上均已垮落，并经过长时间的自然压实，在复采区域内形成多个空巷冒落区。这些空巷冒落区内，主要是冒落的顶煤和直接顶，岩体结构为散体结构或碎裂结构，该类岩体结构松散，胶结程度差，残余碎胀系数和孔隙率大，岩体抗拉、压、剪、弯强度低，具有重塑性、胀缩性、流变性等性质。空巷冒落区虽经过了长时间的自然压实，形成散体结构应力平衡，但采空区内破碎煤岩欠压密、空洞、孔隙中饱水裂隙等仍会长期存在，再次受到破坏时极易导致失稳和冒落。

残采区内空巷及空巷冒落区的存在给复采巷道掘进和工作面回采带来极大的威胁，主要体现在以下两个方面：

1. 复采巷道通过空巷冒落区

复采掘进巷道通过空巷冒落区时，原有的破碎散体结构应力平衡状态再次遭到破坏，难以形成稳定承载结构，易发生变形、失稳和破坏并以重力载荷形式作用于支护结构，可能会发生随掘随冒现象，此时巷道支护主要是为了控制围岩流变现象的产生，而不是仅仅为了控制围岩的失稳和冒落，因此控制破碎散体结构稳定是复采巷道支护的关键。

2. 复采工作面通过空巷冒落区

复采工作面通过空巷冒落区时，工作面煤壁出现煤岩松散结构平衡体，采煤机的截割势必会快速打破这种平衡，而且与巷道掘进不同的是工作面揭露空巷冒落区的范围大，扰动大，导致松散体的变形速度快，由此引发煤壁片帮，支架前方顶板漏冒，给工作面安全生产带来极大的威胁。因此，在工作面回采前采取措施，保证工作面煤壁揭露空巷冒落区时的稳定，是保障复采工作面安全生产的关键。

2.3 残煤复采类型及可采性评价

2.3.1 残煤复采类型

由于旧采区煤柱、空巷、空区、冒顶区及边角煤的存在，造成复采残煤工作面应力集中显著，煤壁片帮或端面冒落难以控制，使得复采条件变得复杂、困难。因为复采残煤赋存条件恶劣，同时受多种安全隐患影响，多数复采工作面要跨煤柱、空巷、空区、冒顶区开采，这是残煤复采研究的重点和难点。

通常情况下，空区及冒顶区的成因分为两类：一是旧采采煤方法采用巷柱式开采时，煤柱采用掏帮、扩帮回采后形成的开采空间较大，一部分开采区受矿山压力的作用顶煤或顶板发生垮落形成冒顶区，未垮落的开采区形成宽度较大的空区；二是旧采采用巷放式开采时，由于采用爆破放顶，破坏了巷道围岩的稳定性，易造成煤柱片帮及直接顶垮落，从而引起基本顶的整体下沉。空巷的成因主要是采用残柱式采煤法开采形成的空巷及采用巷柱式或巷放式采煤法开采时未回收煤柱形成的空巷。不论是采用巷柱式采煤法、巷放式采煤法，还是采用残柱式采煤法，在旧采区内均会形成大量的形状各异、走向各异及宽度不同的煤柱。同时，由于旧采时期矿井整体开采部署不合理，造成旧采区内残留大量的三角煤或实体煤块段。

因此，根据旧采区内煤柱、空区、空巷、冒顶区及实体煤块段的成因及赋存特征，按照残煤复采工作面内煤柱存在的形式，把残煤复采归纳为4种基本类型。

1. 纵跨煤柱型复采

纵跨煤柱型复采指残煤复采工作面开采区域内旧采遗留煤柱的走向与工作面

走向平行分布。如采用巷柱式、巷放式开采后形成的带状分布的煤柱或旧采回风巷及运输巷之间留设的区段煤柱等，如图2-8所示。纵跨煤柱型复采残煤对象主要为旧采形成的面积损失和厚度损失的煤炭资源。根据煤柱的成因及旧采采煤方法的不同，煤柱两侧存在3种形式：①空区型；②冒顶区型；③空巷型。由此纵跨煤柱型复采又可划分为纵跨煤柱空巷型复采、纵跨煤柱空区型复采和纵跨煤柱冒顶区型复采。

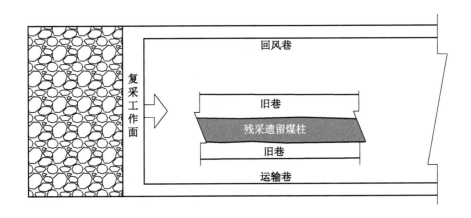

图2-8　纵跨煤柱型复采

2. 横跨煤柱型复采

横跨煤柱型复采指残煤复采工作面开采区域内旧采遗留煤柱的走向与工作面走向垂直分布。如采用巷柱式、巷放式开采后形成的带状分布的用于支承顶板的煤柱或旧采回风巷及运输巷之间留设的区段煤柱，如图2-9所示。横跨煤柱型复采残煤对象主要为旧采形成的面积损失和厚度损失的煤炭资源。与纵跨煤柱型复采相同，根据煤柱的成因及旧采采煤方法的不同，煤柱两侧存在3种形式：①空区型；②冒顶区型；③空巷型。由此横跨煤柱型复采也可划分为横跨煤柱空巷型复采、横跨煤柱空区型复采和横跨煤柱冒顶区型复采。由于横跨煤柱型复采时残存煤柱及空区、空巷、冒顶区对顶板断裂结构影响较大，因此，本书重点研究横跨煤柱型复采的围岩控制技术。

3. 斜跨煤柱型复采

斜跨煤柱型复采指残煤复采工作面开采区域内旧采遗留煤柱的走向与工作面走向垂直斜交。如采用巷柱式、巷放式开采后形成的带状分布的用于支承顶板的煤柱或旧采回风巷及运输巷之间留设的区段煤柱，如图2-10所示。斜跨煤柱型

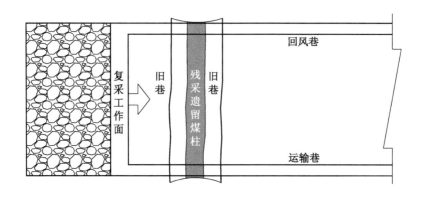

图 2-9　横跨煤柱型复采

复采残煤对象主要为旧采形成的面积损失和厚度损失的煤炭资源。与横跨煤柱型复采相同，根据煤柱的成因及旧采采煤方法的不同，煤柱两侧存在 3 种形式：①空区型；②冒顶区型；③空巷型。由此斜跨煤柱型复采也可划分为斜跨煤柱空巷型复采、斜跨煤柱空区型复采和斜跨煤柱冒顶区型复采。

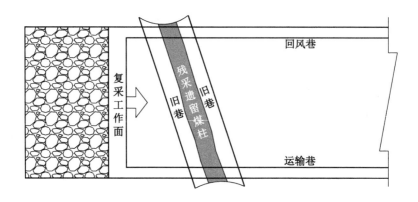

图 2-10　斜跨煤柱型复采

4. 块段煤复采

块段煤复采是指复采工作面位于旧采时期矿井整体开采部署不合理造成旧采区内残留大量的三角煤或实体煤块段内。块段煤属于面积损失，是残煤复采首选的开采类型。

由于残煤分布的不规则，残煤实际的空间分布关系很复杂，实际复采工作面一般不是单一形式，多是 4 种基本类型中的几种同时存在。按照上述残煤复采的 4 种基本类型，结合复采区的围岩赋存条件，将残煤复采类型进一步划分，如图 2 - 11 所示。根据后面章节分析，影响残煤复采围岩稳定性的主要残煤复采类型为横跨煤柱型复采及小角度斜跨煤柱型复采，由于其对围岩稳定性影响极为相似，本书将二者归为一类进行研究，而纵跨或大角度斜跨煤柱型复采对围岩稳定性影响较小，且国内外已有相关研究，因此，不再进行详细的研究。

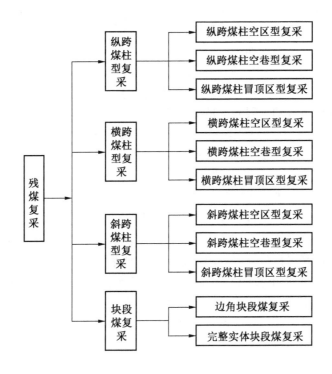

图 2 - 11　残煤复采类型划分

2.3.2　残煤复采可行性评价

由于旧式采空区条件下的复采不同于常规开采，它是在旧式开采区域煤层完整性被破坏的条件下进行，所采煤层赋存情况复杂，在巷道掘进时要不断穿越空巷、煤柱、破碎围岩等；在工作面回采过程中会遇到煤壁滑帮、端面冒漏、过空巷和煤柱应力集中等诸多技术问题，给残煤复采工作带来新的更大困难，因此，在复采前需对残采区残煤的可采性进行经济和安全评价，从而预判残煤复采的可行性。

张小强老师针对残煤复采的经济可行性及安全可行性进行了综合评价，并建立了相应的评价体系，其研究成果对于残煤复采的可行性评价有比较明确的指导意义。因此本书关于"残煤复采可行性评价"的内容可参考《厚煤层残煤复采采场围岩控制理论及关键技术》，本书不进行详细论述。

2.4 本章小结

本章主要从我国煤炭资源的开采现状为出发点，对遗留煤炭资源的形成原因及赋存特征进行分析，结合旧式采煤法的开采特点，对残采资源尤其是山西省内的残采厚煤层及其围岩的赋存状态进行研究，结合其赋存状态对厚煤层残煤复采的类型进行了划分，结论如下：

（1）通过对我国大多数煤矿在旧式开采体系下存在矿井回采率低、开采损失严重的问题，残采矿井的主要特征有两点：①煤质越优的区域残采情况越严重，②赋存深度越浅的煤层残采情况越严重。

（2）厚煤层残采矿井采用旧采采煤方法主要包括巷柱式采煤方法、巷放式采煤方法和残柱式（以掘代采）采煤方法。

（3）残采区存在大量的煤柱、空巷、空区、冒顶区及边角煤，造成残煤复采工作面应力集中显著、煤壁片帮或端面冒漏难以控制，使复采条件变得复杂。根据残采区域内煤柱、空区、空巷、冒顶区及实体煤块段的成因及赋存特征，按照残煤复采工作面内煤柱存在的形式，把残煤复采总结为纵跨煤柱型复采、横跨煤柱型复采、斜跨煤柱型复采和块段煤复采 4 种基本类型。

（4）由于残采区开采条件复杂，煤层及其顶底板围岩完整性被破坏，在进行残煤复采巷道掘进及工作面回采时会遇到复杂的围岩控制方面的技术问题，给厚煤层残煤复采带来新的更大困难，因此在复采前需对残采区残煤的可采性进行经济和安全评价。

3 复采巷道掘进围岩控制技术

在残采区进行复采巷道掘进，经常会遇到旧采遗留空巷、空区和冒落区。所谓空巷是保存较为完整，刷帮扩帮的现象不明显，基本保持原巷道形状的旧巷；空区是受原来开采方式和长时间外力作用的影响，刷帮扩帮严重，旧巷宽度大幅度增加，顶底板仍具有较好稳定性的巷道；冒落区是由于旧巷的不断刷扩及地应力作用的影响使得旧巷顶煤或顶板大面积垮落而形成的旧采区。复采巷道如何安全高效地通过旧采遗留空巷、空区和冒落区，是残煤复采急待解决的重大课题。本章通过分析复采掘进巷道围岩结构特征，围岩破坏及应力分布规律，进而提出不同条件下的掘进巷道围岩控制技术，为残煤复采安全、高效开采提供理论支撑。

3.1 复采巷道围岩结构及布置方式

3.1.1 复采巷道围岩结构类型

厚煤层经过旧式采煤工艺开采后，顶板垮落情况各异。下面以山西阳城地区圣华煤业 3 号煤层的赋存情况为例，根据顶煤是否垮落、直接顶是否垮落、直接顶垮落后是否充满采空区、基本顶是否垮落等情况，可将复采巷道围岩结构类型分为以下 6 类：

实体完整型：复采巷道在残留煤柱中掘进，煤柱两边是空巷或采空区，此情况的掘进巷道支护方法同正常掘进巷道支护基本相同，但巷道掘进时面临应力集中的问题，如图 3 - 1 所示。

空区完整型：复采巷道在空区中掘进，旧采巷道因顶煤较硬，未发生垮落，直接顶、基本顶存留完好，形成小范围空区，称这类复采巷道围岩类型为空区完整型，如图 3 - 2 所示。

有空隙完整型：煤层采出后，顶煤垮落，复采巷道在顶煤冒落区中掘进，顶煤冒落后未充满采空区，直接顶和基本顶完好，并且直接顶和冒落的顶煤之间有一定间隙，称这类复采巷道围岩类型为有空隙完整型，如图 3 - 3 所示。

无空隙完整型：煤层采出后，顶煤和直接顶全部垮落且充满采空区，基本顶出现裂隙的情况，称这类复采巷道围岩类型为无空隙完整型，如图 3 - 4 所示。

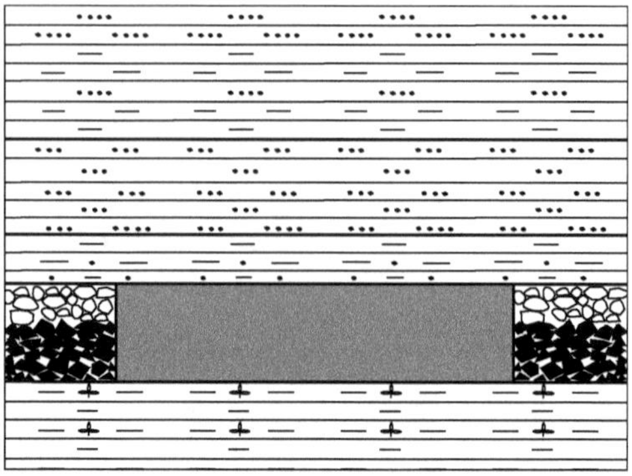

图 3-1　实体完整型复采巷道围岩结构图

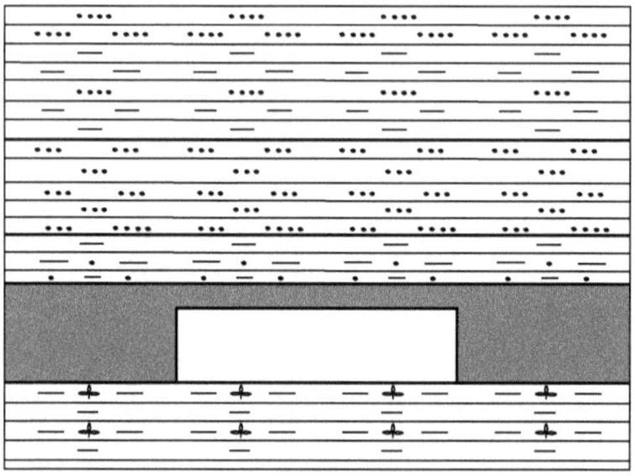

图 3-2　空区完整型复采巷道围岩结构图

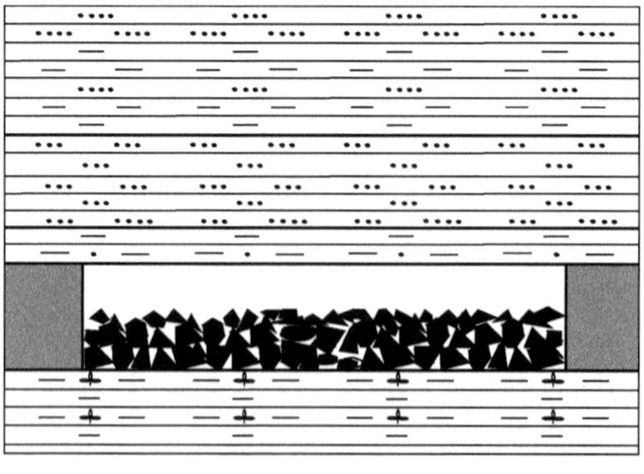

图 3-3　有空隙完整型复采巷道围岩结构图

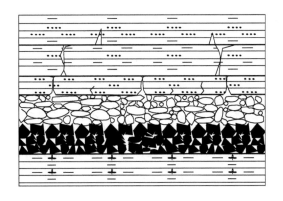

图 3-4 无空隙完整型复采巷道围岩结构图

有空隙结构型：煤层采出后，顶煤和直接顶冒落后未充满采空区，基本顶断裂较明显，但断裂后形成一定结构，并且基本顶和冒落的煤矸之间有一定间隙的情况，称这类复采巷道围岩类型为有空隙结构型，如图 3-5 所示。

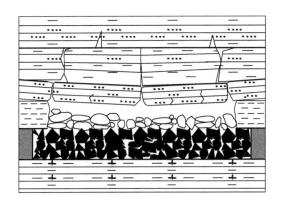

图 3-5 有空隙结构型复采巷道围岩结构图

无空隙冒落型：煤层采出后，顶煤、直接顶全部垮落，基本顶部分垮落并且充满采空区，称这类复采巷道围岩类型为无空隙冒落型，如图 3-6 所示。

3.1.2 复采巷道布置方式

复采巷道布置方式按照布置层位可分为沿煤层底板布置和沿煤层顶板布置两类；按照复采巷道围岩结构，每一类又存在 6 种情况，下面以复采巷道沿煤层底板布置为例介绍复采巷道布置的 6 种情况。

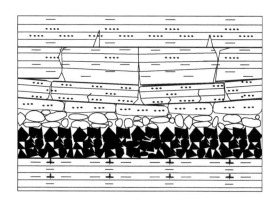

图 3-6 无空隙冒落型复采巷道围岩结构图

实体完整型：复采巷道在残留煤柱中沿煤层底板掘进，煤柱两边是空巷或采空区，如图 3-7 所示，这种情况在复采巷道中占大多数。

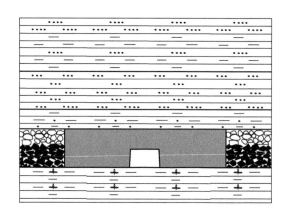

图 3-7 巷道在残留煤柱中布置

空区完整型：复采巷道在空区中沿煤层底板掘进，旧采巷道因顶煤较硬，未发生垮落，直接顶、基本顶存留完好，巷道两边是残留煤柱，形成小范围空区，如图 3-8 所示。

有空隙完整型：复采巷道在空区中沿煤层底板掘进，旧采巷道顶煤垮落，直接顶、基本顶存留完好，巷道两边是残留煤柱，形成大范围空区，如图 3-9 所示。

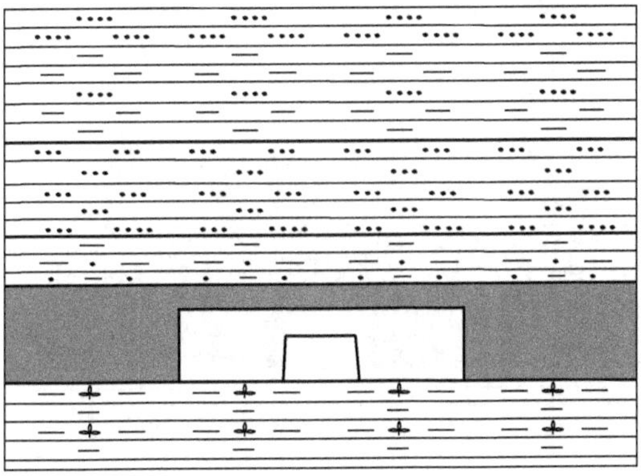

图 3-8 巷道在空区完整型围岩中布置

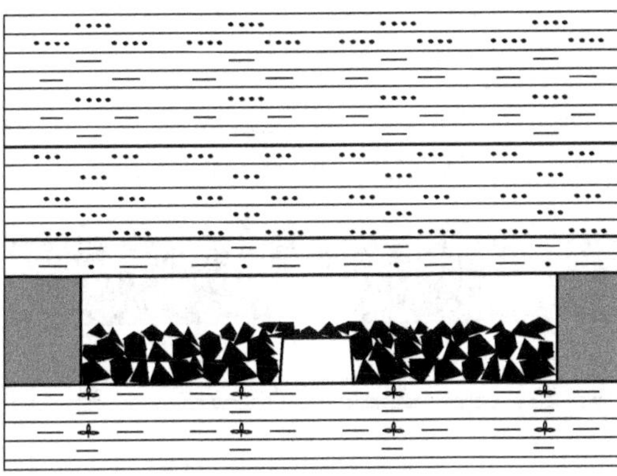

图 3-9 巷道在有空隙完整型围岩中布置

无空隙完整型：复采巷道在冒落煤岩体中沿煤层底板掘进，顶煤和直接顶完全垮落且充满采空区，基本顶出现裂隙，如图 3-10 所示。

有空隙结构型：复采巷道在冒落煤岩体中沿煤层底板掘进，顶煤和直接顶冒落后未充满采空区，基本顶断裂较明显并形成一定结构，并且基本顶和冒落的煤矸之间有一定间隙，巷道顶板为冒落煤矸，且上面存在空区，底板为直接底，如图 3-11 所示。

无空隙冒落型：复采巷道在冒落煤岩体中沿煤层底板掘进，顶煤、直接顶全部垮落，基本顶部分垮落并且充满采空区，掘进巷道顶板为冒落的煤矸，如图 3-12 所示。

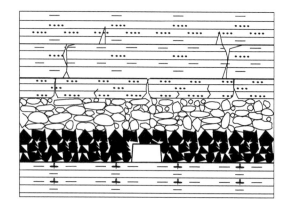

图 3 - 10　巷道在无空隙完整型围岩中布置

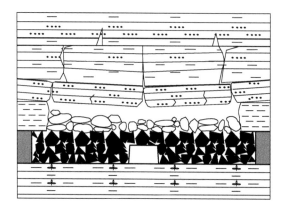

图 3 - 11　巷道在有空隙结构型围岩中布置

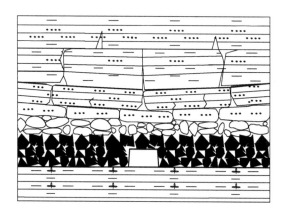

图 3 - 12　巷道在无空隙冒落型围岩中布置

3.1.3 复采巷道支护主要问题

复采巷道掘进时会遇到空区、空巷、松散围岩、垮落顶板等多重情况。目前，对松软破碎围岩的支护有较为成熟的理论和方法，如撞楔法（插板法）、打超前锚杆、超前小导管注浆、管棚支护等。而复采巷道支护的主要难题是掘进巷道围岩类型不断发生变化，无法采用统一标准的方式或方法进行支护，另外，掘进巷道遇不同围岩类型时，巷道临时支护难度大。

1. 临时支护困难

巷道的掘进中无论使用炮掘还是综掘，都存在对前方地质情况无法精确预测的问题。掘进工作面要不断穿越应力降低区和应力增高区，复杂的地质情况对临时支护工作提出了很高的要求。实际施工中，实体煤中巷道掘进后首先要进行临时支护，之后进行永久支护。无论是临时支护方案，还是永久支护方案，都是在施工前就确定好的。而复采巷道掘进时由于巷道围岩赋存不断变化，施工前无法确定统一有效的支护方式，这就导致掘进时无法选择最适当的支护方案进行施工，所制定的支护方案无法满足实际工程需要。

2. 锚杆施工困难

复采顶板围岩破碎，围岩强度低，裂隙十分发育，锚杆施工困难。另外，即使锚杆施工完成，由于不具备产生锚固力的条件，常规的锚杆支护体系必然无法实现支护效果。由于破碎深度和裂隙发育的不确定性，一旦破碎岩体深度超过3 m，悬吊理论即很有可能不成立。同样由于破碎的顶板，组合梁、组合拱理论也无法完整适用于破碎、冒顶巷道的支护。其中最主要的原因是围岩的破碎情况和裂隙的发育情况复杂、随机，没有规律。

3. 大范围破碎围岩中长距离掘进缺乏科学施工方法

在破碎围岩中掘进巷道，属于通过松软岩层的范畴。大量巷道围岩—支护关系研究结果表明，软岩巷道围岩—支护关系与中硬岩巷道有明显区别，支护强度对软岩巷道变形控制比对中硬岩巷道作用更大。掘进这些巷道已经有较为成熟的一些办法，比如：撞楔法、打超前锚杆、超前小导管注浆、管棚支护、全断面围岩注浆等方法，这些方法的共同点是：在掌子面前方的围岩中超前构筑一个强度较大的顶，同时采用注浆方式胶结、加固破碎岩石，使其成为一个较大的固结体。在设计注浆时在注浆渗透范围中考虑交圈，使加固后的固结体能够成为一个整体受力的稳定顶板。以上是对顶板松散围岩的超前支护与围岩改性相结合的方法。虽然支护方法较多，但大多应用于过陷落柱、破碎带、断层带等较小范围内具有特殊地质构造带的情况。对于复采条件下，煤层赋存相对更加复杂，尤其在大范围顶板冒落、围岩破碎深度、裂隙发育程度超过一定范围时的巷道掘进，这些方法是否能够连续使用，尚且不明。

综上所述，目前对复采巷道支护采用常规支护方法，无论是被动支护，还是主动支护，甚至是综合使用，都无法完全解决散碎围岩中的支护问题，因而必须针对不同的复采巷道围岩结构，提供具有针对性的支护方法及支护参数，这是解决复采巷道支护问题的唯一途径。为了提出合理的支护方式及支护参数，本书在掌握旧采区围岩破坏及应力分布规律的基础上，研究了不同围岩类型条件下掘进巷道围岩变形及破坏特征，从而提出具有针对性的复采巷道围岩控制方案。

3.2 旧采区围岩破坏及应力分布规律模拟研究

残煤复采前首先需要了解的就是旧采区的赋存状态，主要包括遗留煤柱的状态、旧采巷道的状态及影响两者状态的因素大小。只有充分了解了旧采区的赋存状态，才能对残煤复采工作进行技术可行性分析，才能开始残煤复采工作面的设计工作，才能开始复采巷道的掘进、采煤的研究工作。本书通过使用 RFPA 三维数值模拟软件，运用正交实验方案设计，研究了旧采区遗留煤柱的状态和旧采巷道的状态，以及巷宽、巷高、煤柱宽度对煤柱及巷道状态的影响，以便开展掘进、采煤研究工作。

3.2.1 方案及模型的设计

1. 模型设计

残煤复采综放工作面模拟研究以晋煤集团泽州天安圣华煤业 3 号煤层—采区 3101 复采工作面为地质原型。3 号煤层平均厚度为 6.65 m，一般含 1~2 层夹矸，夹矸总厚一般小于 0.5 m，煤层结构简单，煤质为无烟煤。通过对圣华煤业 3 号煤煤层顶板现场取样并进行岩石力学实验，获取圣华煤业 3 号煤及其上覆岩层岩性、分层厚度及各岩层物理力学参数（图 3-13、表 3-1），为 3 号煤残煤复采研究提供基础数据。

表 3-1　3 号煤与顶板岩石物理力学性质试验结果汇总表

层位/m	岩石名称	容重/ (g·cm⁻³)	抗压 强度/ MPa	抗拉 强度/ MPa	泊松比	弹性 模量/ GPa	内聚力/ MPa	内摩 擦角/ (°)
20.03~20.68	砂岩	2.65	47.45	5.44	—	17.05	10.88	38.83
18.41~20.03	砂质泥岩	2.59	32.63	2.34	0.23	—	4.68	48.50
17.50~18.41	砂岩	2.65	32.47	3.45	0.19	17.80	17.80	30.64
15.30~17.50	黑色泥岩	2.66	—	3.57	—	—	7.14	24.75
14.45~15.30	砂岩	2.72	36.82	5.97	0.30	12.68	11.94	30.68
10.75~14.45	砂质泥岩	2.59	—	3.49	—	—	6.98	25.35

表 3-1（续）

层位/m	岩石名称	容重/ (g·cm⁻³)	抗压 强度/ MPa	抗拉 强度/ MPa	泊松比	弹性 模量/ GPa	内聚力/ MPa	内摩 擦角/ (°)
9.00~10.75	粉砂岩	2.64	56.34	11.23	0.29	12.91	23.85	27.96
6.90~9.00	炭质泥岩	2.63	25.58	4.90	0.21	10.30	9.80	26.50
0~6.90	煤	1.43	7.78	0.75	0.27	—	—	—

厚度/m	累计/m	柱状图 1:1000	岩性描述
0.38	21.06		泥岩
0.65	20.68		砂岩,致密,坚硬,含有机质
0.97	20.03		砂岩泥岩,含白云母,含有机质
0.25	19.06		煤线
0.40	18.81		黑色泥岩,含碳屑,有机质
0.91	18.41		砂岩
0.10	17.50		煤线
0.35	17.40		炭质泥岩,含有机质,黑色
0.55	17.05		煤线
1.20	16.50		炭质泥岩,黑色
0.35	15.30		砂岩,含有机质
0.10	14.95		黑色泥岩
0.40	14.85		砂岩,含有机质
0.30	14.45		黑色泥岩
0.40	14.15		煤线
1.45	13.75		黑色泥岩,含碳屑,含有机质
0.60	12.30		煤线
1.00	11.75		黑色泥岩,由上到下,炭质增多, 含有机质
0.75	10.75		粉砂岩,性脆,含泥质,分选差
0.25	10.00		砂质泥岩,含有机质,黑色
0.75	9.75		粉砂岩,含白云母,有机质
0.20	9.00		砂质泥岩,含植物化石
0.15	8.80		煤线
1.75	8.65		炭质泥岩,含有机质,黑色
0.20	6.90		煤
0.10	6.70		炭质泥岩(夹矸),由下到上炭质 增加,黑色
6.60	6.60		镜煤,较硬,以亮煤为主,间夹暗煤, 半亮型次生裂隙发育

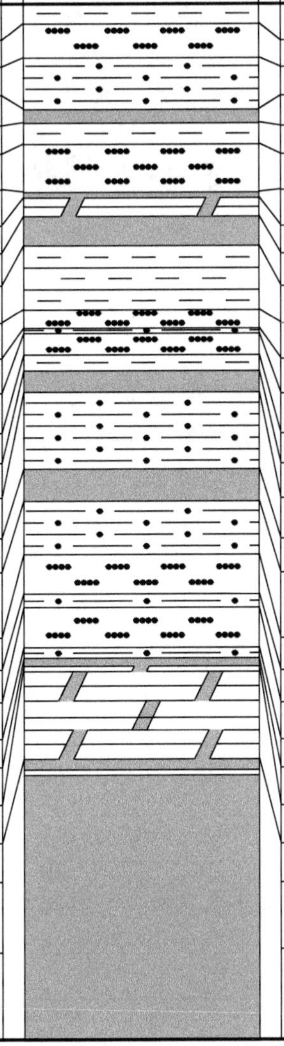

图 3-13 顶板岩性柱状图

根据圣华煤业综合柱状图、煤与顶板岩石物理力学参数表，设计了数值模拟的实验模型，模型如图 3－14 所示。

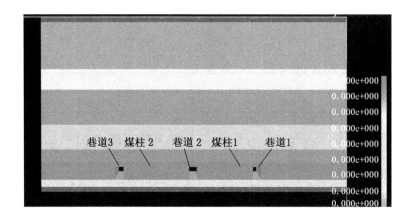

图 3－14　三维数值模拟实验模型

2. 试验方案

针对数值模拟试验要达到的效果及现场实际地质情况，采取了四因素五水平正交实验法来设计模拟实验方案。四因素分别为：巷宽、巷高、煤柱 1 宽度、煤柱 2 宽度，各因素的五个水平分别为：巷宽：2 m、4 m、6 m、8 m、10 m；巷高：3 m、4 m、5 m、6 m、7 m；煤柱 1、2 的宽度均为：10 m、15 m、20 m、25 m、30 m。试验方案见表 3－2。

表 3－2　试　验　方　案

方案	巷宽/m	巷高/m	煤柱 1 宽度/m	煤柱 2 宽度/m
1	2	3	10	10
2	2	4	15	15
3	2	5	20	20
4	2	6	25	25
5	2	7	30	30
6	4	3	15	20
7	4	4	20	25
8	4	5	25	30

表 3-2（续）

方案	巷宽/m	巷高/m	煤柱 1 宽度/m	煤柱 2 宽度/m
9	4	6	30	10
10	4	7	10	15
11	6	3	20	30
12	6	4	25	10
13	6	5	30	15
14	6	6	10	20
15	6	7	15	25
16	8	3	25	15
17	8	4	30	20
18	8	5	10	25
19	8	6	15	30
20	8	7	20	10
21	10	3	30	25
22	10	4	10	30
23	10	5	15	10
24	10	6	20	15
25	10	7	25	20

3.2.2 煤柱状态模拟研究结果分析

根据煤柱逐步破碎理论，可以计算出各方案煤柱 1、2 的塑性区、核区和稳定性安全系数理论值，具体值见表 3-3。

表 3-3 煤柱理论塑性区、核区、稳定性安全系数

编号	煤柱 1 安全系数	煤柱 1 塑性区宽度/m	煤柱 1 核区宽度/m	煤柱 2 安全系数	煤柱 2 塑性区宽度/m	煤柱 2 核区宽度/m
1	1.60	5.52	4.48	1.60	5.52	4.48
2	1.94	6.84	8.16	1.94	6.84	8.16
3	2.15	8.24	11.76	2.15	8.24	11.76

表3-3（续）

编号	煤柱1 安全系数	煤柱1 塑性区宽度/m	煤柱1 核区宽度/m	煤柱2 安全系数	煤柱2 塑性区宽度/m	煤柱2 核区宽度/m
4	2.29	9.68	15.32	2.29	9.68	15.32
5	2.40	11.16	18.84	2.40	11.16	18.84
6	1.90	7.66	7.34	2.65	7.66	12.34
7	2.12	8.66	11.34	2.68	8.66	16.34
8	2.27	9.8	15.2	2.72	9.8	20.2
9	2.37	11.04	18.96	0.79	11.04	0
10	0.74	12.34	0	1.10	12.34	2.66
11	2.25	10.28	9.72	3.68	10.28	19.72
12	2.35	11.04	13.96	0.75	11.04	0
13	2.44	11.96	18.04	1.10	11.96	3.04
14	0.61	13	0	1.36	13	7
15	0.90	14.12	0.88	1.57	14.12	10.88
16	2.61	13.08	11.92	1.30	13.08	1.92
17	2.60	13.7	16.3	1.56	13.7	6.3
18	0.52	14.44	0	1.75	14.44	10.56
19	0.82	15.32	0	1.90	15.32	14.68
20	1.06	16.28	3.72	0.45	16.28	0
21	2.98	16	14	2.32	16	9
22	0.48	16.5	0	2.35	16.5	13.5
23	0.77	17.12	0	0.43	17.12	0
24	1.02	17.86	2.14	0.69	17.86	0
25	1.23	18.7	6.3	0.93	18.7	1.3

采用 RFPA 三维数值模拟软件对以上所有方案进行模拟，得出应力分布情况如图3-15所示，从图中可以量出各工况点下的核区宽度、塑性区宽度。通过统计分析可知，应力分布图主要有3种形式：两侧煤柱均存在明显的塑性区、核区；一侧煤柱存在塑性区，另一侧只存在核区；两侧煤柱均只存在塑性区，无核区，煤柱均破坏。煤柱核区实验数据见表3-4。

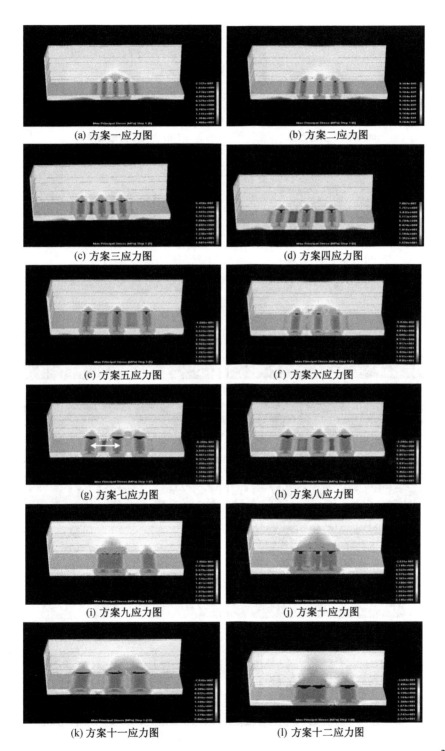

(a) 方案一应力图   (b) 方案二应力图

(c) 方案三应力图   (d) 方案四应力图

(e) 方案五应力图   (f) 方案六应力图

(g) 方案七应力图   (h) 方案八应力图

(i) 方案九应力图   (j) 方案十应力图

(k) 方案十一应力图   (l) 方案十二应力图

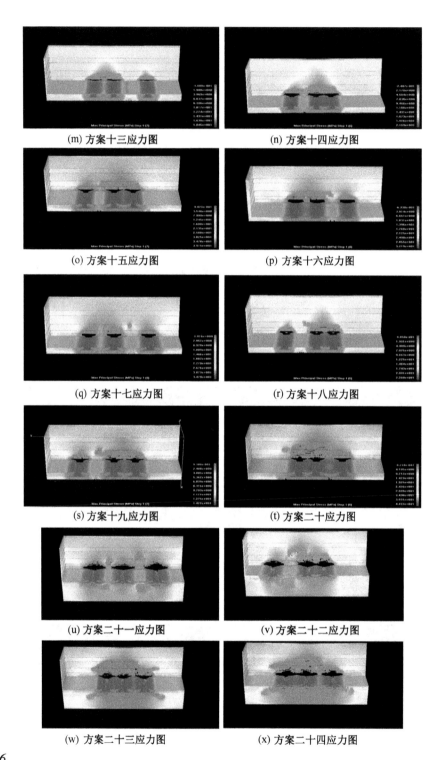

(m) 方案十三应力图

(n) 方案十四应力图

(o) 方案十五应力图

(p) 方案十六应力图

(q) 方案十七应力图

(r) 方案十八应力图

(s) 方案十九应力图

(t) 方案二十应力图

(u) 方案二十一应力图

(v) 方案二十二应力图

(w) 方案二十三应力图

(x) 方案二十四应力图

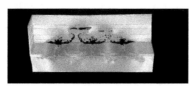

(y) 方案二十五应力图

图 3-15 模型应力分布图

表 3-4 煤柱核区实验数据

编号	煤柱 1 核区/m	与理论值差/%	煤柱 2 核区/m	与理论值差/%
1	4.7	5.11	4.7	5.11
2	8.4	2.86	8.4	2.86
3	11.5	-2.09	11.5	-2.09
4	15.9	3.46	15.9	3.46
5	18.4	-2.66	18.4	-2.66
6	7.5	2.40	12.7	2.83
7	11.5	1.57	16.2	-1.11
8	15	-1.60	19.9	-1.56
9	18.79	-0.90	0	0
10	0	0	2.4	-10
11	9.4	-3.19	19.3	-2.18
12	13.4	-4.10	0	0
13	17.7	-1.75	2.7	-12.96
14	0	0	7.2	3.33
15	0	0	10.4	-4.71
16	11.3	-5.40	1.8	-6.67
17	16.2	-0.37	6.1	-3.93
18	0	0	10.7	1.21
19	0	0	15	2.07
20	3.7	-1.62	0	0
21	13.4	-4.10	8.5	-5.76
22	0	0	13.7	1.75
23	0	0	0	0
24	2.4	12.92	0	0
25	6.1	-2.95	1.2	-5.00

由实验结果与理论结果的差值可以看出，实验结果与理论结果基本一致，最大差值为 12.96%，证明了本次数值模拟结果的准确性，也为其他实验数据的准确性提供了保证。

通过观察各工况点下的模拟图片，可以直观地看出各工况点下的煤柱状态。25 个方案中 14 个方案煤柱有破坏现象，图 3 – 16 为所有破坏煤柱，从图中可以看出煤柱的状态主要有 3 种形式：两个煤柱都完整；一个煤柱完整，一个煤柱破坏；两个煤柱均破坏。不同条件下的煤柱状态见表 3 – 5。

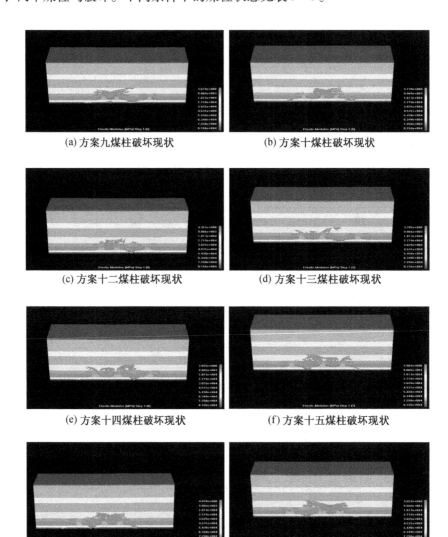

(a) 方案九煤柱破坏现状   (b) 方案十煤柱破坏现状

(c) 方案十二煤柱破坏现状   (d) 方案十三煤柱破坏现状

(e) 方案十四煤柱破坏现状   (f) 方案十五煤柱破坏现状

(g) 方案十六煤柱破坏现状   (h) 方案十八煤柱破坏现状

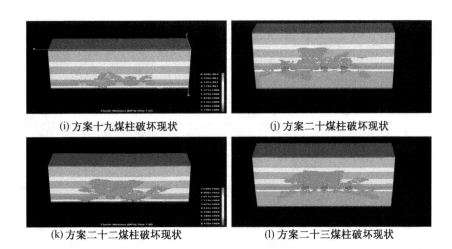

(i) 方案十九煤柱破坏现状　　　　　　(j) 方案二十煤柱破坏现状

(k) 方案二十二煤柱破坏现状　　　　　(l) 方案二十三煤柱破坏现状

图 3-16　煤柱破坏图

表 3-5　不同条件下煤柱状态

编号	煤柱 1 安全系数	煤柱 1 状态	煤柱 2 安全系数	煤柱 2 状态
1	1.6	完整	1.6	完整
2	1.94	完整	1.94	完整
3	2.15	完整	2.15	完整
4	2.29	完整	2.29	完整
5	2.4	完整	2.4	完整
6	1.9	完整	2.65	完整
7	2.12	完整	2.68	完整
8	2.27	完整	2.72	完整
9	2.37	完整	0.79	破坏
10	0.74	破坏	1.1	破坏
11	2.25	完整	3.68	完整
12	2.35	完整	0.75	破坏
13	2.44	完整	1.1	破坏
14	0.61	破坏	1.36	完整
15	0.9	破坏	1.57	完整
16	2.61	完整	1.3	破坏
17	2.6	完整	1.56	完整
18	0.52	破坏	1.75	完整
19	0.82	破坏	1.9	完整

表 3-5（续）

编号	煤柱 1 安全系数	煤柱 1 状态	煤柱 2 安全系数	煤柱 2 状态
20	1.06	破坏	0.45	破坏
21	2.98	完整	2.32	完整
22	0.48	破坏	2.35	完整
23	0.77	破坏	0.43	破坏
24	1.02	破坏	0.69	破坏
25	1.23	破坏	0.93	破坏

由表 3-5 可知：当煤柱安全系数 f_s 小于 1.3 时，煤柱破坏；当煤柱 f_s 大于或等于 1.36 时，煤柱能保持稳定。而根据逐步破坏理论：当煤柱 $f_s > 1.5$ 时，煤柱最大应力主要集中在煤柱核区，整个煤柱对上覆岩层起到了承载作用，最终煤柱能保持长期稳定；随着 f_s 逐渐减小，煤柱上最大应力逐渐向煤柱核区集中，塑性区逐步增大，煤柱发生由外向内的破坏，最终导致煤柱整体失稳；当煤柱 $f_s < 1.5$ 时，煤柱不能保持长期稳定。实验结果与理论结果十分接近，其误差主要由于软件本身的因素和岩石的力学性质造成的，存在误差也是合理的。通过对表中煤柱完整与破坏个数的统计，可以得出破坏煤柱 19 个、完整煤柱 31 个，煤柱破坏率为 38%，可见旧采区大部分的遗留煤柱是稳定的，还有一定的支撑作用。

3.2.3 围岩赋存影响因素分析

1. 应力、位移影响因素分析

实验模拟完成后，分别提取了各工况点下巷道 1、煤柱 1、巷道 2、煤柱 2、巷道 3 顶板同一位置处的应力、位移数据，见表 3-6。根据正交实验数据处理方法，得出了各工况点影响因素的影响大小，见表 3-7，并得出了各位置处的应力、位移数学模型，通过数学模型可以简单、方便地得出任意工况点下各个位置处的应力、位移大小。

表 3-6 各位置应力、位移数据

编号	巷道 1 处应力/MPa	巷道 1 处位移/mm	煤柱 1 处应力/MPa	煤柱 1 处位移/mm	巷道 2 处应力/MPa	巷道 2 处位移/mm	煤柱 2 处应力/MPa	煤柱 2 处位移/mm	巷道 3 处应力/MPa	巷道 3 处位移/mm
1	2.743	15.151	4.034	15.385	2.482	16.024	4.035	15.387	2.744	15.155
2	1.992	16.156	5.343	15.705	1.885	17.225	5.336	15.805	1.815	16.418
3	1.606	16.520	5.934	15.323	1.476	17.554	5.935	15.325	1.607	16.524

表 3-6（续）

编号	巷道1处应力/MPa	巷道1处位移/mm	煤柱1处应力/MPa	煤柱1处位移/mm	巷道2处位移/MPa	巷道2处位移/mm	煤柱2处应力/MPa	煤柱2处位移/mm	巷道3处应力/MPa	巷道3处位移/mm
4	0.914	17.831	6.429	15.663	0.851	19.018	6.430	15.665	0.914	17.835
5	0.534	18.210	6.423	15.239	0.549	19.216	6.424	15.241	0.534	18.211
6	1.230	19.576	6.026	19.092	0.597	21.584	6.782	17.399	1.312	18.612
7	0.874	18.338	6.393	16.435	0.769	19.398	6.372	15.477	1.171	17.533
8	0.809	18.810	6.653	16.285	0.624	20.217	6.559	15.610	0.743	18.710
9	0.377	20.526	7.312	17.562	0.285	25.785	0.017	26.246	0.300	25.095
10	0.173	31.530	0	24.836	0	36.035	3.242	32.419	0.307	29.915
11	0.445	23.799	7.782	21.550	0.395	25.515	7.555	18.180	0.404	22.059
12	0.383	24.735	8.658	21.712	0.297	30.501	0.204	24.553	0.243	29.358
13	0.703	21.948	7.993	19.311	0.010	29.114	3.547	28.466	0.450	27.430
14	0.208	31.345	0.001	20.153	0.060	33.994	8.666	26.207	0.283	27.182
15	0	33.285	0.469	24.819	0.003	35.544	9.719	25.221	0.012	27.805
16	0.273	29.510	10.236	26.415	0.025	37.656	0.080	33.466	0.327	35.578
17	0.308	27.171	8.985	22.012	0.150	31.794	7.351	28.081	0.227	29.562
18	0.090	34.808	0.052	30.317	0.082	37.175	9.928	26.156	0.238	29.432
19	0.001	37.682	0.142	33.645	0.009	39.974	10.376	25.849	0	30.971
20	0	41.597	5.415	44.928	0	52.513	0.055	42.321	0	43.632
21	0.235	30.097	9.365	23.109	0.305	32.035	9.433	24.651	0.260	29.500
22	0.113	39.903	0.044	31.005	0	42.799	10.989	27.929	0.261	33.519
23	0.093	51.075	1.967	59.140	0	37.442	0.107	42.414	0	53.100
24	0	46.461	7.613	49.418	0	56.876	0.431	25.215	0.003	50.300
25	0	19.774	11.920	37.294	0	43.052	5.308	46.221	0	45.512

表 3-7　各位置应力、位移影响因素大小

编　号	巷　宽	巷　高	煤柱1宽度	煤柱2宽度
巷道1处应力	A	B	C	D
巷道1处位移	A	B	C	D
煤柱1处应力	B	C	A	D
煤柱1处位移	B	C	A	D

表 3 - 7（续）

编　　号	巷　宽	巷　高	煤柱 1 宽度	煤柱 2 宽度
巷道 2 处应力	A	B	D	C
巷道 2 处位移	A	B	D	C
煤柱 2 处应力	B	C	D	A
煤柱 2 处位移	B	C	D	A
巷道 3 处应力	A	B	D	C
巷道 3 处位移	A	B	D	C

注：影响因素大小 A > B > C > D（下同）。

由表 3 - 7 可知：

巷道 1 处应力的影响因素大小依次是：巷宽、巷高、煤柱 1 宽度、煤柱 2 宽度。巷高越高、巷道越宽，顶板应力越小；煤柱越宽，顶板应力越大。

数学模型：$\delta = 0.798e^{-0.374a} - 0.052h + 0.088\ln b + 0.0741\ln c + 0.209$

巷道 1 处位移的影响因素大小依次是：巷宽、巷高、煤柱 1 宽度、煤柱 2 宽度。巷高越高、巷道越宽，位移越大；煤柱越宽，位移越小。

数学模型：$d = 3.543e^{-0.103a} + 4.044e^{-0.124h} - 3.315\ln b - 1.206\ln c + 26.925$

煤柱 1 处应力的影响因素大小依次是：煤柱 1 宽度、巷宽、巷高、煤柱 2 宽度。巷高越高、巷道越宽，应力越小；煤柱越宽，应力越大。

数学模型：$\delta = 2.232e^{-0.082a} + 2.873e^{-0.156h} + 2.004\ln b + 4.457\ln c - 4.002$

煤柱 1 处位移的影响因素大小依次是：煤柱 1 宽度、巷宽、巷高、煤柱 2 宽度。巷高越高、巷道越宽，位移越大；煤柱越宽，位移越小。

数学模型：$d = 4.314e^{-0.0621a} + 3.642e^{0.109h} - 3.072\ln b - 2.374\ln c + 28.665$

巷道 2 处应力的影响因素大小依次是：巷宽、巷高、煤柱 1 宽度与煤柱 2 宽度基本一样。巷高越高、巷道越宽，应力越小；煤柱越宽，应力越大。

数学模型：$\delta = 0.639e^{-0.424a} + 0.754e^{-0.421h} - 0.074\ln b - 0.077\ln c + 0.455$

巷道 2 处位移的影响因素大小依次是：巷宽、巷高、煤柱 1 宽度与煤柱 2 宽度影响基本一样。巷高越高、巷道越宽，位移越大；煤柱越宽，位移越小。

数学模型：$d = 3.809e^{0.111a} + 3.381e^{0.161h} - 3.43\ln b - 3.413\ln c + 35.55$

煤柱 2 处应力的影响因素大小依次是：煤柱 2 宽度、巷宽、巷高、煤柱 1 宽度。巷高越高、巷道越宽，应力越小；煤柱越宽，应力越大。

数学模型：$\delta = 2.219e^{-0.088a} + 2.657e^{-0.140h} + 0.406\ln b + 1.936\ln c - 4.152$

煤柱 2 处位移的影响因素大小依次是：煤柱 2 宽度、巷宽、巷高、煤柱 1 宽度。巷高越高、巷道越宽，位移越大；煤柱越宽，位移越小。

数学模型：$d = 4.156e^{0.065a} + 3.884e^{0.094h} - 0.772\ln b - 3.722\ln c + 25.65$

巷道 3 处应力的影响因素大小依次是：巷宽、巷高、煤柱 2 宽度、煤柱 1 宽度。巷高越高、巷道越宽，应力越小；煤柱越宽，应力越大。

数学模型：$\delta = 0.703e^{-0.347a} + 1.099e^{-0.477h} - 0.091\ln b - 0.140\ln c + 0.958$

巷道 3 处位移的影响因素大小依次是：巷宽、巷高、煤柱 2 宽度、煤柱 1 宽度。巷高越高、巷道越宽，位移越大；煤柱越宽，位移越小。

数学模型：$d = 3.400e^{-0.114a} + 2.713e^{0.185h} - 2.124\ln b - 2.987\ln c + 29.10$

在各个数学模型中，δ 为应力；d 为位移；a 为巷宽；h 为巷高；b 为煤柱 1 宽度；c 为煤柱 2 宽度。

从表 3 - 6、表 3 - 7 中的数据及影响因素大小可以得出以下结论：

（1）各位置的应力与位移大小成反比，即当该位置处的应力越小时，该处的位移越大。

（2）各影响因素对同一位置处的应力、位移影响大小一致。

（3）煤柱对巷道的影响大小与煤柱的大小和离巷道的距离有关，煤柱越大，巷道的位移越小，应力越大；煤柱距离越远，对巷道的影响越小，当两个煤柱大小一样，离巷道的距离一样时，对巷道的影响大小基本一致。并且巷道对煤柱的影响大小也一样，即巷道的断面越大，对煤柱的影响也越大，距离越远影响越小。

（4）同一巷道中，巷道宽度比高度对巷道及煤柱的影响大，即巷道越宽，巷道及煤柱的位移越大，应力越小。

（5）巷道本身的宽度及高度对巷道的影响要比煤柱的影响要大，煤柱自身的宽度对本身的影响最大。

对表 3 - 6 中 25 个正交方案结果数据进行累计汇总，可以得出：巷道 2 处的位移最大，应力最小（778 mm；10.85 MPa）；煤柱 1、2 处的位移最小，应力最大，且煤柱 1（636 mm、135.2 MPa）与煤柱 2（630 m、134.9 MPa）的数据相差不大，基本一致；巷道 1（689 mm、14.1 MPa）与巷道 3（709 mm、14.1 MPa）的数据也相差不大，基本一致。由以上数据还可以明显看出，巷道处的应力与煤柱处的应力大小差距十分明显。

2. 冒落高度影响因素分析

通过统计各方案下的顶板冒落高度，可以得出各影响因素分别在各个位置的影响大小，并得出相关的线性方程。通过线性方程可以快速地得出任意开采条件下，关键位置处的顶板垮落高度，从而判断各位置的顶板状况。巷道 1、2、3 的顶煤、顶板冒落情况如下：

（1）巷道 1 处顶煤、顶板冒落情况（表 3 - 8）。

表 3-8　不同条件下巷道 1 处冒落高度

编号	巷宽/m	巷高/m	煤柱 1 宽度/m	煤柱 2 宽度/m	冒落高度/mm
1	2	3	10	10	0
2	2	4	15	15	0
3	2	5	20	20	0
4	2	6	25	25	0
5	2	7	30	30	0
6	4	3	15	20	0
7	4	4	20	25	0
8	4	5	25	30	0
9	4	6	30	10	0
10	4	7	10	15	1.88
11	6	3	20	30	0
12	6	4	25	10	0
13	6	5	30	15	0
14	6	6	10	20	2.19
15	6	7	15	25	2.19
16	8	3	25	15	0
17	8	4	30	20	0
18	8	5	10	25	0
19	8	6	15	30	2.50
20	8	7	20	10	3.13
21	10	3	30	25	0.63
22	10	4	10	30	1.69
23	10	5	15	10	1.88
24	10	6	20	15	3.75
25	10	7	25	20	7.50
Ⅰ	0	0.625	8.5	9.6875	
Ⅱ	1.875	1.6875	6.875	5.625	
Ⅲ	4.375	6.875	5.5625	5	
Ⅳ	5.625	8.4375	3.75	4.1875	
Ⅵ	15.4375	14.6875	0.625	2.8125	
R	15.438	14.063	7.875	6.875	
	A	B	C	D	

巷道 1 处顶煤、顶板冒落的影响因素大小依次是：巷宽、巷高、煤柱 1 宽度、煤柱 2 宽度。巷高越高、巷道越宽，冒落高度越大；煤柱越宽，冒落高度越小。

（2）巷道 2 处顶煤、顶板冒落情况（表 3-9）。

表 3-9 不同条件下巷道 2 处冒落高度

编号	巷宽/m	巷高/m	煤柱 1 宽度/m	煤柱 2 宽度/m	冒落高度/mm
1	2	3	10	10	0
2	2	4	15	15	0
3	2	5	20	20	0
4	2	6	25	25	0
5	2	7	30	30	0
6	4	3	15	20	0
7	4	4	20	25	0
8	4	5	25	30	0
9	4	6	30	10	1.61
10	4	7	10	15	2.42
11	6	3	20	30	0
12	6	4	25	10	0
13	6	5	30	15	0
14	6	6	10	20	3.22
15	6	7	15	25	3.22
16	8	3	25	15	0
17	8	4	30	20	0
18	8	5	10	25	0
19	8	6	15	30	3.22
20	8	7	20	10	4.03
21	10	3	30	25	1.21
22	10	4	10	30	2.82
23	10	5	15	10	3.22
24	10	6	20	15	5.64

表 3-9（续）

编号	巷宽/m	巷高/m	煤柱 1 宽度/m	煤柱 2 宽度/m	冒落高度/mm
25	10	7	25	20	12.88
Ⅰ	0	1.2075	12.88	16.1	
Ⅱ	4.025	2.8175	9.66	8.855	
Ⅲ	6.44	9.66	9.66	7.05	
Ⅳ	7.245	13.685	8.4525	6.0375	
Ⅵ	25.76	22.54	2.8175	5.4275	
R	25.760	21.333	10.0625	10.6725	
	A	B	C	D	

　　巷道 2 处顶煤、顶板冒落的影响因素大小依次是：巷宽、巷高、煤柱 1 宽度、煤柱 2 宽度。巷高越高、巷道越宽，冒落高度越大；煤柱越宽，冒落高度越小。

　　（3）巷道 3 处顶煤、顶板冒落情况（表 3-10）。

表 3-10　不同条件下巷道 3 处冒落高度

编号	巷宽/m	巷高/m	煤柱 1 宽度/m	煤柱 2 宽度/m	冒落高度/mm
1	2	3	10	10	0
2	2	4	15	15	0
3	2	5	20	20	0
4	2	6	25	25	0
5	2	7	30	30	0
6	4	3	15	20	0
7	4	4	20	25	0
8	4	5	25	30	0
9	4	6	30	10	1.61
10	4	7	10	15	1.21
11	6	3	20	30	0
12	6	4	25	10	0
13	6	5	30	15	0

表 3 - 10 (续)

编号	巷宽/m	巷高/m	煤柱 1 宽度/m	煤柱 2 宽度/m	冒落高度/mm
14	6	6	10	20	2.01
15	6	7	15	25	2.42
16	8	3	25	15	0.81
17	8	4	30	20	0
18	8	5	10	25	0
19	8	6	15	30	4.03
20	8	7	20	10	2.82
21	10	3	30	25	0.81
22	10	4	10	30	1.61
23	10	5	15	10	2.42
24	10	6	20	15	4.83
25	10	7	25	20	11.27
I	0	1.61	12.075	13.2825	
II	2.8175	1.61	8.855	6.8425	
III	4.4275	7.6475	7.6475	6.8425	
IV	7.6475	12.4775	4.83	5.635	
VI	20.93	17.71	2.415	3.22	
R	20.930	16.100	9.66	10.0625	
	A	B	D	C	

巷道 3 处顶煤、顶板冒落的影响因素大小依次是：巷宽、巷高、煤柱 2 宽度、煤柱 1 宽度。巷高越高、巷道越宽，冒落高度越大；煤柱越宽，冒落高度越小。

由以上数据可知：

(1) 影响巷道顶板冒落的主要因素是巷宽，其次为巷高，再次为煤柱宽度；

(2) 巷道 2 的冒落高度比两侧的巷道冒落高度要高；

(3) 煤柱对巷道冒落高度的影响主要为巷道煤柱的宽度，以及与巷道的距离，距离越远对巷道的影响越小。

3. 应力、位移与冒落高度、煤柱稳定的关系

(1) 巷道应力、位移与顶板冒落的关系。表 3 - 11 是不同方案的各巷道应

力、位移、冒落高度表。

表 3-11　巷道应力、位移与顶板冒落数据

编号	巷道1应力/MPa	巷道1位移/mm	巷道1冒落高度/mm	巷道2应力/MPa	巷道2位移/mm	巷道2冒落高度/mm	巷道3应力/MPa	巷道3位移/mm	巷道3冒落高度/mm
1	2.743	15.151	0	2.482	16.024	0	2.744	15.155	0
2	1.992	16.156	0	1.885	17.225	0	1.815	16.418	0
3	1.606	16.520	0	1.476	17.554	0	1.607	16.524	0
4	0.914	17.831	0	0.851	19.018	0	0.914	17.835	0
5	0.534	18.210	0	0.549	19.216	0	0.534	18.211	0
6	1.230	19.576	0	0.597	21.584	0	1.312	18.612	0
7	0.874	18.338	0	0.769	19.398	0	1.171	17.533	0
8	0.809	18.810	0	0.624	20.217	0	0.743	18.710	0
9	0.377	20.526	0	0.285	25.785	1.61	0.300	25.095	1.61
10	0.173	31.530	1.88	0	36.035	2.42	0.307	29.915	1.21
11	0.445	23.799	0	0.395	25.515	0	0.404	22.059	0
12	0.383	24.735	0	0.297	30.501	0	0.243	29.358	0
13	0.703	21.948	0	0.010	29.114	0	0.450	27.430	0
14	0.208	31.345	2.19	0.060	33.994	3.22	0.283	27.182	2.01
15	0	33.285	2.19	0.003	35.544	3.22	0.012	27.805	2.42
16	0.273	29.510	0	0.025	37.656	0	0.327	35.578	0.81
17	0.308	27.171	0	0.150	31.794	0	0.227	29.562	0
18	0.090	34.808	0	0.082	37.175	0	0.238	29.432	0
19	0.001	37.682	2.5	0.009	39.974	3.22	0	30.971	4.03
20	0	41.597	3.13	0	52.513	4.03	0	43.632	2.82
21	0.235	30.097	0.63	0.305	32.035	1.21	0.260	29.500	0.81
22	0.113	39.903	1.69	0	42.799	2.82	0.261	33.519	1.61
23	0.093	51.075	1.88	0	37.442	3.22	0	53.100	2.42
24	0	46.461	3.75	0	56.876	5.64	0.003	50.300	4.83
25	0	79.774	7.5	0	43.052	12.88	0	45.512	11.27

由表 3 - 11 可以得出以下结论：巷道的冒落高度与顶板应力大小成反比，与顶板位移成正比（个别数据例外），即顶板应力越小，顶板位移越大，巷道的冒落高度越高。在巷道 1 中，当应力小于 0.235 MPa、位移大于 30.097 mm 时，顶板冒落；在巷道 2 中，当应力小于 0.305 MPa，位移大于 32.035 mm（方案 9 例外）时，顶板冒落；在巷道 3 中，当应力小于 0.260 MPa，位移大于 29.5 mm（方案 12、17、18 例外）时，顶板冒落，例外模型的数据与上述数据的差距也极小。

（2）煤柱应力、位移与煤柱破坏的关系。表 3 - 12 是不同方案的各煤柱应力、位移与煤柱状态表。

表 3 - 12　煤柱应力、位移与煤柱状态数据

编号	煤柱 1 应力/MPa	煤柱 1 位移/mm	煤柱 1 状态	煤柱 2 应力/MPa	煤柱 2 位移/mm	煤柱 2 状态
1	4.034	15.385	完整	4.035	15.387	完整
2	5.343	15.705	完整	5.336	15.805	完整
3	5.934	15.323	完整	5.935	15.325	完整
4	6.429	15.663	完整	6.430	15.665	完整
5	6.423	15.239	完整	6.424	15.241	完整
6	6.026	19.092	完整	6.782	17.399	完整
7	6.393	16.435	完整	6.372	15.477	完整
8	6.653	16.285	完整	6.559	15.610	完整
9	7.312	17.562	完整	0.017	26.246	破坏
10	0	24.836	破坏	3.242	32.419	破坏
11	7.782	21.550	完整	7.555	18.180	完整
12	8.658	21.712	完整	0.204	24.553	破坏
13	7.993	19.311	完整	3.547	28.466	破坏
14	0.001	20.153	破坏	8.666	26.207	完整
15	0.469	24.819	破坏	9.719	25.221	完整
16	10.236	26.415	完整	0.080	33.466	破坏
17	8.985	22.012	完整	7.351	28.081	完整
18	0.052	30.317	破坏	9.928	26.156	完整
19	0.142	33.645	破坏	10.376	25.849	完整

表 3-12（续）

编号	煤柱1应力/MPa	煤柱1位移/mm	煤柱1状态	煤柱2应力/MPa	煤柱2位移/mm	煤柱2状态
20	5.415	44.928	破坏	0.055	42.321	破坏
21	9.365	23.109	完整	9.433	24.651	完整
22	0.044	31.005	破坏	10.989	27.929	完整
23	1.967	59.140	破坏	0.107	42.414	破坏
24	1.613	49.418	破坏	0.431	25.215	破坏
25	1.920	37.294	破坏	0.308	46.221	破坏

由表 3-12 可以看出三者有如下关系：煤柱的应力越小、位移越大则煤柱失稳，在煤柱 1 数据中当应力小于 1.967 MPa，位移大于 20.153 mm（存在个别例外情况）时，煤柱失稳；在煤柱 2 数据中当应力小于 0.308 MPa，位移大于 24.553 mm（存在个别例外情况）时，煤柱失稳，例外的情况与上述数值极为接近。

3.3 旧采区掘进巷道围岩变形破坏机理分析

通过前面章节关于复采巷道围岩结构类型分析可知，复采巷道围岩结构类型分为 6 类，分别为实体完整型、空区完整型、有空隙完整型、无空隙完整型、有空隙结构型和无空隙冒落型。对于旧采区而言，区内资源回收率极低，一般为 20%～30%，区内煤炭资源主要赋存形态为走向各异、大小不同的煤柱，复采巷道在掘进过程中围岩结构类型主要属于实体完整型，即主要是在旧采遗留煤柱中掘进，因此，对旧采区掘进巷道在实体完整性结构条件下的巷道围岩变形破坏机理研究显得尤为重要。而其他五类复采掘进巷道围岩结构类型占比较小，且复采掘进巷道围岩均属于破碎煤岩体，复采巷道围岩控制的重点是碎裂围岩加固，而碎裂围岩加固理论及技术均比较成熟。因此，本节主要对复采巷道在旧采遗留煤柱中的围岩变形机理进行理论分析和数值模拟分析。

3.3.1 巷道围岩变形

1. 巷道围岩破坏与巷道失稳的概念

巷道未开挖前，围岩处于原岩应力状态，随着巷道的开挖，围岩应力会重新分布，有的区域应力将会大于原岩应力，甚至大于围岩岩体自身的强度。当围岩应力大于其自身强度时，将会导致围岩变形，随着围岩变形的发展，围岩将会发生破坏失稳。因此，处于稳定状态的围岩意味着巷道围岩所承受的应力小于围岩岩体自身的强度，相反，处于破坏或失稳状态的围岩则意味着巷道围岩所承受的应力大于围岩岩体自身的强度。

随着巷道开挖，在围岩中会出现应力集中现象，且处在应力集中区的围岩所承受的应力远大于围岩岩体自身的强度，因此巷道围岩部分区域会处于不稳定状态或失稳状态，并随着时间的持续，围岩逐渐进入破坏状态，这些处于破坏状态的围岩就构成了围岩的松动圈。巷道稳定性是指巷道维持自身设计尺寸和形状的能力。巷道失稳是指巷道围岩和支护结构在遭到破坏后发生变形，从而影响到巷道正常使用的过程。巷道围岩破坏与巷道失稳两者之间既有联系又有区别，其主要表现在以下两个方面：

（1）巷道围岩破坏是在较高的集中应力作用下，围岩所承受应力大于岩体自身强度所引起。巷道失稳是在围岩破裂发展与支护结构变化相互作用下发生的。同时，巷道围岩破坏出现在巷道开挖过程中，而巷道失稳发生在围岩破坏之后。

（2）处于破裂状态下的围岩容易发生错动，其稳定性较差。巷道的稳定性受支护影响较大，主要取决于巷道支护形式、支护位置及支护强度。

2. 煤柱破坏形式

在残煤复采残留煤柱中掘进巷道，巷道的围岩就是残留的煤柱，因而围岩的破坏就是煤柱的破坏。在残煤复采时，煤柱破坏无疑是废弃老采空区"活化"的主要因素，尤其对于采深较大的老采空区。因此了解清楚煤柱的破坏形式，对有效控制围岩有很大的意义。

煤体在开采后，留设的煤柱将承受着上覆岩（煤）的载荷，由于煤柱体自身结构及所处应力环境的不同，当煤柱所受载荷超过其自身极限强度时，煤柱将会发生破坏。根据大量的实验研究及现场观测，人们发现煤柱的破坏形式与岩石的单轴压缩实验具有一定的相似之处。其表现形式主要有以下 5 类：

（1）煤柱外围发生脆性剪切破坏，如图 3 - 17a 所示。由于煤体的硬度不是很大，煤柱在载荷作用下没有明显变形就突然破坏。这种情况在尺寸较大且煤柱宽高比较大的煤柱上经常发生，在上覆载荷的作用下，煤柱边缘塑性区宽度逐渐变大，煤柱外围产生拉伸作用，导致煤柱外围形成煤壁片帮。

（2）煤柱沿轴向产生脆性断裂破坏，如图 3 - 17b 所示。煤柱与顶底板之间存在软弱夹层时，在上覆载荷作用下，软弱夹层首先发生破坏，同时产生横向流动变形，从而导致煤柱端面产生拉伸作用，使煤柱沿轴向发生断裂。

（3）煤柱沿斜面发生剪切破坏，如图 3 - 17c 所示。当煤柱尺寸较小或煤柱的宽高比较小时，煤柱内部所受到的约束力就较小，从而导致煤柱强度降低，煤柱就会沿倾斜面发生破坏。

（4）煤柱沿斜面或断层破坏，如图3-17d所示。当煤柱中存在软弱夹层或较大斜向节理面时，如果煤柱沿轴向平面与其之间的夹角大于节理的有效摩擦角，在上部荷载作用下，软弱面或节理面发生滑移，从而导致煤柱破坏。

（5）煤柱发生膨胀破坏，如图3-17e所示。含有沿轴向方向发育的层理面的煤柱，在受到外部载荷的作用时，每个相对独立层理面可近似地看作为厚度很小的薄板，从而整个煤柱破坏形式就可以看作多块薄板叠加在一起发生压弯变形。

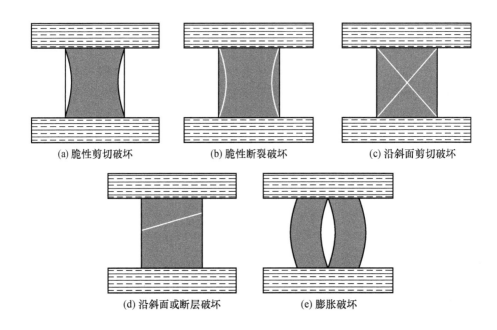

(a) 脆性剪切破坏　　　　　(b) 脆性断裂破坏　　　　　(c) 沿斜面剪切破坏

(d) 沿斜面或断层破坏　　　　　(e) 膨胀破坏

图3-17　煤柱的破坏形式

3.3.2　煤柱承载能力及塑性区宽度计算

1. 煤柱强度

煤柱是由煤岩材料及其内部的各种裂隙构成的，煤柱自身的强度也就由这两者的特性来决定，而煤柱的稳定性取决于其自身强度及煤柱所处的外部环境。煤柱自身强度可称为煤柱的微观强度，煤柱所处的外部环境可称为煤柱的宏观强度。因此，要判断煤柱是否稳定，就要先确定煤柱的宏观和微观强度。

煤柱强度是指单位面积煤柱所能承受载荷的最大值，这是决定煤柱稳定性的基础。影响煤柱强度的因素很多，影响煤柱微观强度的因素有煤块的强度、煤柱内部地质构造；影响煤柱宏观强度的因素有煤柱尺寸、煤柱自由表面、煤柱与顶底板的黏结力、围岩性质以及侧向力、开采方式以及载荷随时间的变化等。

1）煤柱微观强度

煤柱自身强度可以通过实验室试验加以确定。但煤柱自身强度实验测试在很大程度上取决于试样的尺寸和形状。尺寸小的试样煤的强度高，随着试样尺寸增加，煤的强度按指数规律减小，直至达到一个渐近值。这个渐近值就是煤柱强度的下限，它可以代表原地煤柱的强度。

2）煤柱宏观强度

目前，国内外对煤柱强度的研究方法主要有两方面：一是几何法；二是力学法。

几何法的研究集中在煤柱的形状与尺寸以及节理影响。对于煤柱的形状与尺寸主要考虑的是宽高比。当煤柱宽高比较大时，煤柱与顶底板相互作用而产生的端面约束影响范围较大，相当于在煤柱上施加了侧向约束力，从而提高了煤柱强度。国内外许多学者对煤柱强度进行了大量的研究，并提出了许多计算方法。

（1）Obert & Duvall 公式。

Obert、Duvall 于 1967 年通过试验研究，提出了煤柱强度公式：

$$\sigma_p = \sigma_c \left[0.788 + 0.222 \left(\frac{w}{h} \right) \right] \qquad (3-1)$$

式中　σ_p——煤柱强度，MPa；

　　　σ_c——临界立方体试样单轴抗压强度，MPa；

　　　w——煤柱宽度，m；

　　　h——煤柱高度，m。

此公式适用于宽高比为 0.25～0.4，安全系数短期要求为 2，长期要求为 4 的条件下。

（2）Hollnad & Gaddy 公式。

Hollnad、Gaddy 于 1973 年提出了煤柱强度公式：

$$\sigma_p = \sigma_c \sqrt{\frac{w}{h}} \qquad (3-2)$$

式中　σ_p——煤柱强度，MPa；

　　　σ_c——临界立方体试样单轴抗压强度，MPa；

　　　w——煤柱宽度，m；

　　　h——煤柱高度，m。

此公式适用于宽高比为 2～8，安全系数为 1.8～2.2 的条件下。

（3）Bieniwaski 公式。

Bineiwaski 于 1981 年对美国房柱式尺寸设计和应用进行研究，修正了早期煤柱强度公式，修正后的煤柱强度公式为：

$$\sigma_p = \sigma_c \left[0.64 + 0.36 \left(\frac{w}{h} \right) \right] \quad\quad (3-3)$$

式中　σ_p——煤柱强度，MPa；

　　　σ_c——临界立方体试样单轴抗压强度，MPa；

　　　w——煤柱宽度，m；

　　　h——煤柱高度，m。

此公式适用于宽高比在 10 以上，安全系数短期要求为 1.5，长期要求为 2 的条件下。

（4）Salmaon & Munro 公式。

英国 Sallamon 和 Munio 搜集了 97 个稳定煤柱和 27 个失稳煤柱的相关资料，总结了煤柱强度的计算公式：

$$\sigma_p = 7.2 \frac{W^{0.46}}{h^{0.66}} \quad\quad (3-4)$$

式中　σ_p——煤柱强度，MPa；

　　　h——煤柱高度，m；

　　　W——宽度，m。

此公式适用于宽高比在 5 以上，安全系数为 1.31~1.68 的条件下。

（5）Mark & Bieniawski 公式。

Mark、Bieniawski 针对条形煤柱给出了考虑宽高比及宽长比的煤柱强度公式：

$$\sigma_p = \sigma_c \left[0.64 + 0.54 \left(\frac{w}{h} \right) - 0.18 \frac{w^2}{lh} \right] \quad\quad (3-5)$$

式中　σ_p——煤柱强度，MPa；

　　　σ_c——临界立方体试样单轴抗压强度，MPa；

　　　w——煤柱宽度，m；

　　　h——煤柱高度，m；

　　　l——煤柱的长度，m。

考虑节理裂隙来研究煤柱强度主要是通过围岩分类法来评价围岩条件，从而得到煤柱强度。目前较为成熟的围岩分类方法有 RMR 法、Q 系统、GIS 评价指标。

力学法是从力学能量的角度探讨煤柱的强度、变形等，如 Wilson 的两区约束理论、格罗布罗尔的核区强度不等理论、极限平衡理论、长时强度理论等。考虑流变作用的影响，煤柱的强度随着时间的推移呈降低趋势，最终达到一个最低值保持恒定，而这个值就是时间趋于无限长的情况下煤柱的强度。

2. 煤柱载荷计算

二十世纪八九十年代，小型矿井一般采用刀柱、房式、房柱式等采煤方法进行回采，由于受开采工艺及装备水平的限制，当时煤矿采出宽度一般都比较小（图3-18），采空区内除直接顶有可能部分冒落外，基本顶一般不会塌落，冒落的矸石也较少，且一般不会接顶，造成采空区矸石不承载。

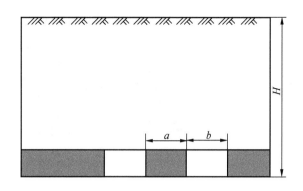

图 3-18　载荷计算

因此，在计算煤柱载荷时，可以认为采出区上方的覆岩荷重全部转嫁到所留设煤柱上。利用仅考虑覆岩自重应力场的面积法来计算煤柱载荷，此时煤柱上的载荷 p 可由式（3-6）计算：

$$p = a\gamma H/(1-\rho) = (a+b)\gamma H \tag{3-6}$$

式中　　ρ——采出率，%；

　　　　γ——覆岩平均重力密度，MN/m^3；

　　　　H——平均开采深度，m；

　　　　a、b——分别为煤柱宽度以及采出宽度，m。

对于旧采采出宽度较大区域，由于冒落矸石较多，顶底板移近量较大，致使采空区冒落的矸石接触到顶板，此时在计算煤柱载荷时，如果煤体一侧没有被采动，而另一侧为采空区，则靠近煤壁处的矸石不承受载荷，而距离煤壁 $0.3H$ 处采空区矸石承受 γH 的载荷，且可以按线性分布来计算该处与煤壁之间的应力，采空区及煤柱载荷分布示意图如图3-19所示。所以，只要对有限采动情况进行叠加，就可求得考虑采空区矸石承载情况下煤柱载荷 p，计算煤柱载荷公式如下：

$$p = \gamma H \left[1 + \frac{b}{2a}\left(2 - \frac{b}{0.6H}\right) \right] \qquad (3-7)$$

式中　　p——煤柱承受的荷载，MPa；

　　　　γ——覆岩的重力密度，MN/m³；

　　　　H——平均开采深度，m；

　　a、b——煤柱宽度、采出宽度，m。

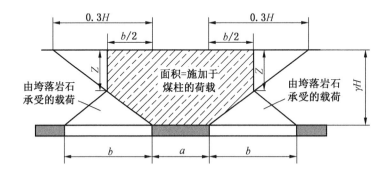

图 3-19　采空区及煤柱载荷分布示意图

3. 煤柱应力分布

经过回采后形成采空两侧煤柱，在上覆岩（煤）层载荷作用下，煤柱边缘的应力值会数倍于原岩应力，从而在煤柱边缘部分出现应力集中现象。但在边缘处，煤柱的抗压强度一般比较低，使得边缘部分遭到不同程度的破坏，失去支撑能力，致使集中应力向煤柱深部转移。当煤柱的承载强度与支承压力达到极限平衡时，煤柱才刚好处于稳定状态，该状态下可将煤柱划分为 3 个区，依次为破碎区、塑性区和弹性区。根据各区宽度的不同，煤柱的应力分布状态也会发生改变。

（1）当煤柱宽度大于两倍的支承压力影响距离时，煤柱中央应力呈现均匀分布，且应力值为原岩应力 γH。由于煤柱边缘应力集中，煤柱从边缘到中央，一般仍为破碎区、塑性区和弹性区，此时弹性区的中间部位又为原岩应力区。如图 3-20a 所示。

（2）当煤柱宽度大于支承压力影响距离而小于其两倍值时，煤柱中央会出现支承压力叠加区，该区应力大于 γH，煤柱上的应力呈"马鞍形"分布。如图 3-20b 所示。

（3）当煤柱宽度小于支承压力影响距离时，煤柱两侧支承压力峰值将叠加

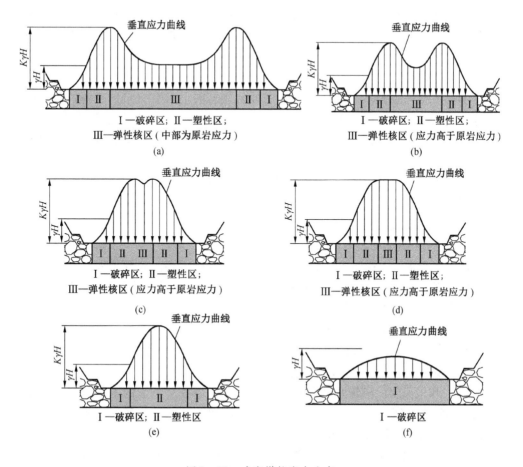

图 3-20 残留煤柱应力分布

在一起，煤柱中央应力急剧增大，应力趋向于均匀分布。此时，煤柱弹性核区变得很小，而且受两侧采动受影响时，应力集中系数可达到 4~5 以上，煤柱极易遭到破坏而失稳。如图 3-20c 所示。

（4）在外界采动影响下，两侧采空煤柱中央弹性区长期处于塑性流动状态，随着时间的推移，煤柱两侧的塑性区宽度逐渐增大。煤柱中央弹性区承受的上覆岩层垂直应力刚好达到煤柱体自身的极限强度时，煤柱中央弹性区垂直应力分布呈"平台形"。此时，煤柱垂直应力分布状态为煤柱发生失稳的临界状态，若上覆岩层作用于煤柱的垂直应力稍有增加，煤柱体就会快速发生破坏失稳。如图 3-20d 所示。

（5）两侧采空煤柱"拱形"应力及变形区分布。处于临界稳定状态的煤柱随着时间推移，最终将失稳，完全处于塑性状态，此时煤柱中间无弹性区，整个煤柱分为破碎区和塑性区两部分。由于支承压力叠加，煤柱中心承受的垂直应力最大，且大于原岩应力，整个煤柱承受的垂直应力呈"拱形"分布。如图 3 – 20e 所示。

（6）发生失稳破坏的两侧采空煤柱对上覆岩层仍具有一定的支承能力，随着时间的推移，煤柱不断地以蠕变的形式发生破裂，其支承能力逐渐减弱，煤柱体变形区全部为松弛区。此时，煤柱上方铅直应力分布形态呈现出一种"瘫软拱形"形态。如图 3 – 20f 所示。

综上所述，残煤复采区煤柱存在 3 种状态，即稳定状态（含弹性核区）、塑性状态和破碎状态。

4. 塑性区宽度计算

1）塑性区宽度的影响因素

在煤矿开采中，影响煤柱塑性区宽度的因素有很多。如开采厚度、开采深度、采出率、应力集中系数、煤体的单轴抗压强度、顶底板界面摩擦角及煤内摩擦系数等。其主要影响因素有：

（1）开采厚度。开采厚度主要是通过煤柱的宽高比来影响煤柱塑性区宽度的。开采厚度越小，留设的煤柱就会越低，当煤柱宽度一定时，煤柱的宽高比就会增大，从而使煤柱强度增加，相应地煤柱塑性区就会越窄。

（2）开采深度。随着开采深度的不断增加，煤柱所承受的上部载荷也逐渐增大，煤柱塑性区的宽度也相应地增大，煤柱塑性区的宽度随着开采深度的增加，近似地按对数规律显著增加。

（3）煤体的单轴抗压强度。煤体的单轴抗压强度是反映煤体自身力学性质的一个重要因素。随着煤体单轴抗压强度增加，煤柱自身的强度也相应增加，因而煤柱塑性区的宽度就会逐渐变小。

（4）顶底板界面摩擦角。煤体与顶底板接触面的摩擦角对煤柱塑性区宽度有较大影响。一般随着顶底板界面摩擦角的增大，煤柱的塑性区宽度呈变小趋势。有研究表明，这种变小趋势呈一种负指数变化。顶底板就是利用界面摩擦效应来削弱煤柱水平变形，即增加了煤柱弹性核区的水平应力，从而增加了围压。

2）宽度计算方法

由于煤体的支承能力随着远离煤壁而明显增大，因此在距煤壁边缘的一定范围内，存在着支承能力等于支承压力的状态。运用岩体的极限平衡理论，就可以求出塑性区内支承压力与煤壁边缘之间的距离关系式，从而可得出塑性区的宽度。

假设煤体是均质连续的各向同性体，在煤壁内任取宽度为 dx、高度为煤层

厚度 m、长度为 1 的单元体，单元体处于三向应力状态，如图 3 - 21 所示。在 x 轴方向所承受的压力靠煤壁侧为 σ_x，另一侧为 $\dfrac{\mathrm{d}\sigma_x}{\mathrm{d}x}\mathrm{d}x$；在 y 和 z 轴方向上所受的压力分别为 σ_y 和 σ_z。由于所取单元体作用应力沿 x 轴方向变化较大，而沿 y 和 z 轴方向的应力变化较小，因而忽略 y 和 z 轴方向的应力增量，这样，σ_y 和 σ_z 作用在单元体上的值是常量。

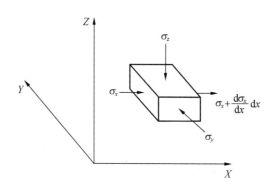

图 3 - 21 煤壁内应力分布

设煤层与顶底板接触面之间的内聚力为 C_1，内摩擦系数为 f_1，煤体的内聚力为 C_2，内摩擦系数为 f_2。在单元体达到极限平衡状态时，$\sum F_x = 0$，即：

$$\sigma_x m - \left(\sigma_x + \frac{\mathrm{d}\sigma_x}{\mathrm{d}x}\mathrm{d}x\right)m + 2(C_1 + f_1\sigma_z)\mathrm{d}x + 2m(C_2 + f_2\sigma_y)\mathrm{d}x = 0$$

化简为：

$$2(C_1 + mC_2 + f_1\sigma_z + mf_2\sigma_y) - m\frac{\mathrm{d}\sigma_x}{\mathrm{d}x} = 0 \qquad (3-8)$$

设 σ_x，σ_y 和 σ_z 都是主应力，且 $\sigma_x < \sigma_y < \sigma_z$。由这 3 个主应力组成的应力圆中，$\sigma_x$ 和 σ_z 组成的应力圆半径最大，它决定了煤体是否破坏，根据 Mohr - Coulomb 准则，可推出：

$$\sigma_z = \frac{\sigma_c}{\sigma_t}\sigma_x + \sigma_c \qquad (3-9)$$

式中 σ_c——煤的单轴抗压强度；

σ_t——煤的单轴抗拉强度。

将式（3 - 9）代入式（3 - 8）得：

$$\frac{\mathrm{d}\sigma_x}{\mathrm{d}x} - \frac{2f_1\sigma_c}{m\sigma_t}\sigma_x = \frac{2\sigma_c}{m\sigma_t}(C_1 + mC_2 + mf_2\sigma_y) \qquad (3-10)$$

令 $x = 0$ 时，支架对煤壁的反力为 P_a，即 $\sigma_x = P_a$，则

$$\sigma_z = \left[\frac{\sigma_c}{\sigma_t}P_a + \sigma_c + \frac{1}{f_1}(C_1 + mC_2 + mf_2\sigma_y)\right]e^{\frac{2f_1\sigma_c}{m\sigma_t}} - \frac{1}{f_1}(C_1 + mC_2 + mf_2\sigma_y)$$

$$(3-11)$$

距煤壁一定范围内，煤体处于极限应力状态，垂直的极限应力与集中应力相等，这段距离定义为塑性区的宽度 x_0，也就是支承压力的峰值处至煤壁的距离。如煤壁内的集中应力为：

$$\sigma_z' = K\gamma H$$

由 $\sigma_z = \sigma_z'$，则得

$$x_0 = \frac{m\sigma_t}{2f_1\sigma_c}\ln\left[\frac{K\gamma H + \dfrac{1}{f_1}(C_1 + mC_2 + mf_2\sigma_y)}{\dfrac{\sigma_c}{\sigma_t}P_a + \sigma_c + \dfrac{1}{f_1}(C_1 + mC_2 + mf_2\sigma_y)}\right] \quad (3-12)$$

式中 K——压力集中系数；

γ——上位岩层的平均容重，kN/m^3；

H——开采深度，m。

式（3-12）即为煤壁内塑性区的宽度 x_0 与垂直应力和侧应力的关系式。

同时由 Mohr - Coulomb 准则推出：

$$\frac{\sigma_z + C_2\cot\varphi_2}{\sigma_x + C_2\cot\varphi_2} = \frac{1 + \sin\varphi_2}{1 - \sin\varphi_2} \quad (3-13)$$

式中 φ_2——煤的内摩擦角，（°）。

当令 $\xi = \dfrac{1 + \sin\varphi_2}{1 - \sin\varphi_2}$ 时，则可由式（3-8）得到式（3-12）的另一种表达式，即

$$x_0 = \frac{m}{2f_1\xi}\ln\left[\frac{K\gamma H + \dfrac{1}{f_1}(C_1 + mC_2 + mf_2\sigma_y)}{\xi(P_a + C_2\cot\varphi_2) + \dfrac{1}{f_1}(C_1 + mC_2 + mf_2\sigma_y) - C_2\cot\varphi_2}\right] \quad (3-14)$$

如果不考虑单元体平行于 xoz 平面的阻力，则可推出只考虑双向应力状态时的塑性区宽度的表达式，即平面问题的塑性区宽度：

$$x_0 = \frac{m}{2f_1\xi}\ln\left[\frac{K\gamma H + \dfrac{C_1}{f_1}}{\xi(P_a + C_2\cot\varphi_2) - C_2\cot\varphi_2 + \dfrac{C_1}{f_1}}\right] \quad (3-15)$$

5. 案例分析

以圣华煤业 3 号煤残采区为例，3 号煤开采深度为 210 m，开采厚度为 2.8 m，其上覆岩层容重为 25 kN/m³。残采区遗留空巷尺寸大多为 3 m × 2.8 m，遗留煤柱宽度在 7 ~ 11 m 之间。由于圣华煤业 3 号煤层已大部开采，故在计算煤柱载荷时应根据式（3 - 7）求得。

当煤柱宽度为 7 m 时，

$$p = \gamma H \left[1 + \frac{b}{2a} \left(2 - \frac{b}{0.6H} \right) \right]$$

$$= 25 \times 210 \times \left[1 + \frac{3}{2 \times 7} \left(2 - \frac{3}{0.6 \times 210} \right) \right]$$

$$= 7.47 （MPa）$$

同理，当煤柱宽度为 9 m 时，煤柱载荷为 6.979 MPa；当煤柱宽度为 11 m 时，煤柱载荷为 6.665 MPa。

同时，根据表 3 - 1 中 3 号煤的力学参数及式（3 - 15）可求得煤柱塑性区的宽度。为了便于计算，令 $C_1 = C_2$，$K = 4$，且在巷道掘进过程中，支架阻力 $P_a = 0$，从而可求得煤柱塑性区的宽度为：

$$x_0 = \frac{m}{2 f_1 \xi} \ln \left[\frac{K \gamma H + \frac{C_1}{f_1}}{\xi (P_a + C_2 \cot \varphi_2) - C_2 \cot \varphi_2 + \frac{C_1}{f_1}} \right] = 1.7 （m）$$

3.3.3 掘进巷道围岩应力分布情况理论分析

1. 实体煤情况下巷道围岩应力分析

未采动的岩体，在巷道开掘以前处于弹性变形状态，岩体的原始垂直应力 p 等于上覆岩层的重量 γH。巷道开掘后原岩应力分布情况会发生改变，巷道周围出现应力集中。巷道围岩应力值的计算是研究巷道稳定性的基础，但对于复杂的矿山地下工程来说，要计算巷道围岩应力很难，因此，必须对矿山地下工程条件进行简化。

在实体煤条件下掘巷，可将其简化为单一形状的孔，并将巷道周围岩体性质简化为完全均质的连续弹性体，从而将巷道围岩应力问题转化为孔的平面应变问题来进行分析。孔周围单元体应力分布如图 3 - 22 所示。

根据图 3 - 22 分析，可得平衡方程：

$$(\sigma_r + d\sigma_r)(r + dr) d\theta - \sigma_r r d\theta - 2 \sigma_t dr \sin \frac{d\theta}{2} = 0$$

式中，σ_t、σ_r 分别为切向应力和径向应力；r、θ 分别为微单元的半径和坐标角。

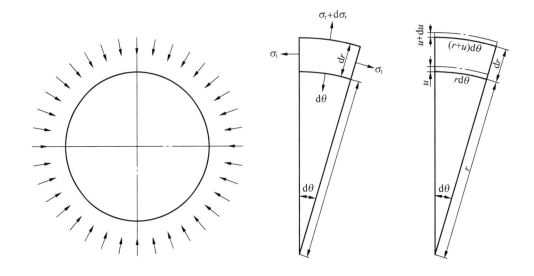

图 3 - 22 孔周围单元体应力分布

忽略高次微分项，同时由于 $\mathrm{d}\theta/2$ 极小，可得：

$$\sigma_r - \sigma_t + r\frac{\mathrm{d}\sigma_r}{\mathrm{d}r} = 0 \qquad (3-16)$$

几何方程：径向应变 ε_r 为

$$\varepsilon_r = \frac{(u+\mathrm{d}u)-u}{\mathrm{d}r} = \frac{\mathrm{d}u}{\mathrm{d}r}$$

切向应变 ε_t 为

$$\varepsilon_t = \frac{(r+u)\mathrm{d}\theta - r\mathrm{d}\theta}{r\mathrm{d}\theta} = \frac{u}{r}$$

$$\frac{\mathrm{d}\varepsilon_t}{\mathrm{d}r} = \frac{1}{r}(\varepsilon_r - \varepsilon_t)$$

根据广义胡克定律，有

$$\varepsilon_t = \frac{1}{E}\left[\sigma_t - \mu(\sigma_r + \sigma_z)\right]$$

$$\varepsilon_r = \frac{1}{E}\left[\sigma_r - \mu(\sigma_t + \sigma_z)\right]$$

式中，σ_z 为圆孔轴向应力。

$$\frac{1}{r}(\varepsilon_r - \varepsilon_t) = \frac{1}{r}\frac{1}{E}\left[\sigma_r - \mu(\sigma_t + \sigma_z) - \sigma_t + \mu(\sigma_r + \sigma_z)\right] = \frac{1+\mu}{rE}(\sigma_r - \sigma_t)$$

从而可得：

$$\frac{\mathrm{d}\sigma_t}{\mathrm{d}r} - \mu\frac{\mathrm{d}\sigma_r}{\mathrm{d}r} = \frac{1+\mu}{r}(\sigma_r - \sigma_t) \tag{3-17}$$

式（3-16）与式（3-17）联立，并假设 σ_z 由自重应力引起，$\sigma_z = \gamma H$，从而解得半径为 r 的任一点 σ_t 和 σ_r：

$$\sigma_r = \gamma H\left(1 - \frac{r_1^2}{r^2}\right) \tag{3-18}$$

$$\sigma_t = \gamma H\left(1 + \frac{r_1^2}{r^2}\right) \tag{3-19}$$

2. 残留煤柱中掘进巷道围岩应力分析

与实体煤中掘进巷道相比，在残留煤柱中掘进巷道后，新掘巷道与空巷构成近距离巷道群，彼此相互作用、相互影响。对于巷道群而言，巷道之间越密集，侧向支承的压力越大，受应力叠加的影响，随着巷间煤柱遗留宽度的变小，煤柱强度也会逐渐降低，支承压力影响范围向巷道群周边围岩转移。当遗留小煤柱由于尺寸过小而发生破坏后，其上承担的荷载将被转移到与其相邻的小煤柱，若相邻小煤柱在新的载荷作用下也不能保持稳定，也会发生破坏，当这种煤柱破坏连续发生时，最终会形成一个覆岩活动范围很大的"扩大压力拱"。

对于旧巷柱式采煤法，上覆（煤）岩体基本上呈整体移动的形式，进而可以将顶板煤岩层近似看成连续、均质的弹性体，由于采高远远小于煤层的埋藏深度，巷道可以视为一个个在一块无限边界大板作用力下的高度很小的孔。图 3-23 为同一水平多孔条件影响下的应力分布情况，从中可以得知，随着孔直

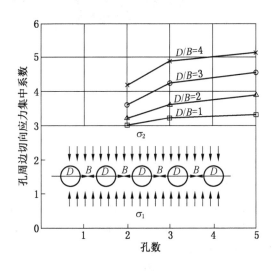

图 3-23　相邻孔周边应力集中系数与其直径、间距的关系图

径 D 与孔间距 B 的比值增加，孔周边的应力集中系数变大，孔周边应力集中系数与孔的数目呈正比关系，相邻孔的数目越多，孔周边的应力集中系数也越大。

3.3.4 掘进巷道围岩破坏规律数值模拟分析

1. 计算模型建立与数值模拟过程

1）计算模型建立与参数确定

以晋煤集团泽州天安圣华煤业 3 号煤残煤为基础条件，煤岩层参数参考圣华煤业 3 号煤强度实验结果，见表 3-1。模拟在不同宽度煤柱中掘进巷道应力分布规律及巷道围岩破坏情况。复采的 3 号煤层厚 6.60 m，复采工作面沿煤层底板布置。模型所模拟煤层厚 6.60 m，煤层顶板 10.66 m，底板 2.92 m，模型的煤岩层实际范围长×宽×高为 30 m×4 m×20.18 m，埋深为 210 m。

计算模型采用非等分划分网格，共划分出 20064 单元和 23517 节点。模型水平边界限制 x、z 方向的位移；在模型上部边界，施加均匀的垂直应力，其应力值大小按巷道上覆岩体（220 m）的自重考虑，上部岩体平均容重取 25 kN/m³，则垂直应力 $\sigma_z = 5.5$ MPa；底边为固定约束且无位移变化。模型如图 3-24 所示。

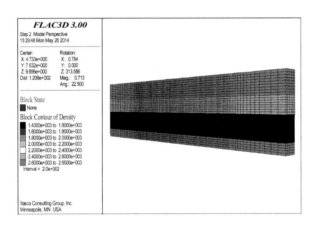

图 3-24　计算模型图

2）数值模拟过程

为了研究不同状态煤柱中掘进巷道围岩破坏规律，先建立两侧为 3 m×2.8 m 空巷，煤柱宽度分别为 40 m、30 m、25 m、20 m、15 m、11 m、9 m 和 7 m 的煤柱模型，得出不同状态煤柱的宽度范围。并选取 3 个具有代表性的煤柱分别代表煤柱的 3 种状态，再在其中间开挖新巷道。

2. 残煤复采区残留煤柱现状数值模拟分析

1）残留煤柱应力分析

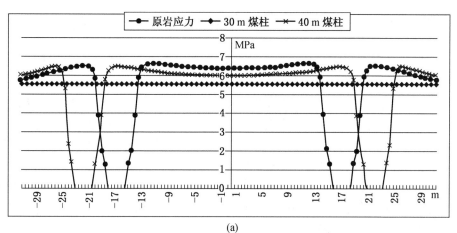

(a)

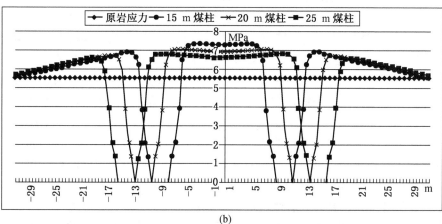

(b)

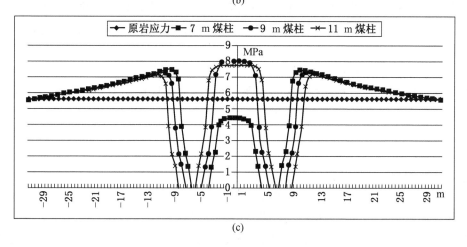

(c)

图 3-25　不同宽度残留煤柱垂直应力曲线图

图 3 - 25 反映的是不同宽度残留煤柱顶板垂直应力的大小，从图中可以看出：

（1）当残留煤柱宽度分为 30 m 和 40 m 时，煤柱上的垂直应力均呈"马鞍形"分布，形成"马鞍形"分布的原因是煤柱的宽度较大，从而使煤柱上应力分布有足够的范围从应力峰值向原岩应力过渡，由此说明 30 m 和 40 m 的残留煤柱均比较宽，煤柱中间存有一定大小的弹性核区。在煤柱上，最大垂直应力分别为 6.7 MPa 和 6.5 MPa，最大垂直应力点分别位于距煤柱中心线左右 12 m 和 17 m 的位置，从而可得出此时煤柱弹性区宽度分别为 24 和 34 m。同时，空巷外侧实体煤上最大垂直应力分别为 6.6 MPa 和 6.5 MPa，与煤柱上的最大垂直应力值相近，说明当残留煤柱分别为 30 m 和 40 m 时，上覆岩层载荷由实体煤和煤柱共同承担，煤柱处于稳定状态。

（2）当煤柱宽度为 15 m 时，煤柱上最大垂直应力约为 7.4 MPa，最大垂直应力点位于距煤柱中心线左右 3.5 m 的位置，从而可得出此时煤柱弹性区宽度为 7 m。同时，空巷外侧实体煤上最大垂直应力约为 7 MPa，略小于煤柱上的最大垂直应力值。当煤柱宽度为 20 m 时，煤柱上最大垂直应力约为 7.1 MPa，最大垂直应力点位于距煤柱中心线左右 6.5 m 的位置，从而可得出此时煤柱弹性区宽度为 13 m。同时，空巷外侧实体煤上最大垂直应力约为 6.8 MPa，略小于煤柱上的最大垂直应力值。当煤柱宽度为 25 m 时，煤柱上最大垂直应力约为 6.9 MPa，最大垂直应力点位于距煤柱中心线左右 9 m 的位置，从而可得出此时煤柱弹性区宽度为 18 m。同时，空巷外侧实体煤上最大垂直应力约为 6.7 MPa，略小于煤柱上的最大垂直应力值。从这 3 种煤柱应力变化情况可知，随着煤柱宽度的变小，煤柱上的垂直应力逐渐增大，上覆岩层载荷也由原先实体煤和煤柱共同承担转变为以煤柱承担为主，但煤柱应力分布仍趋于"马鞍形"分布，所以煤柱仍处于稳定状态。

（3）当煤柱宽度为 11 m 时，煤柱中央 7 m 范围上的垂直应力均约为 7.7 MPa，即煤柱中央弹性区垂直应力分布呈"平台形"，根据煤柱应力分布可知，此时煤柱垂直应力分布状态为煤柱发生失稳的临界状态，若上覆岩层作用于煤柱的垂直应力稍有增加，煤柱就会快速发生破坏失稳。当煤柱宽度为 9 m 时，煤柱上的垂直应力呈"拱形"分布；在煤柱上，最大垂直应力约为 8 MPa，且最大垂直应力点位于煤柱中线处，从而可知此时煤柱中间几乎没有弹性核区。同时，空巷外侧实体煤上最大垂直应力约为 7.3 MPa，小于煤柱上的最大垂直应力值，说明当残留煤柱宽度为 9 m 时，上覆岩层载荷以煤柱承担为主，整个煤柱基本处于塑性状态。当煤柱宽度为 7 m 时，煤柱上的垂直应力分布呈"瘫软拱形"形态；在煤柱上，最大垂直应力约为 4.4 MPa，最大垂直应力点位于煤柱中线处，且与原岩应力相比较小。同时，空巷外侧实体煤上最大垂直应力约为7.5 MPa，远大于煤柱上的最大垂直应力值，说明残留煤柱宽度为7 m时，上覆岩层载荷全部转移到空巷外侧煤体上，煤柱仅剩残余载荷，根据煤柱应力分布可知，此时整个煤柱处于破碎状态。

2）残留煤柱破坏深度分析

图3-26反映的是不同宽度残留煤柱在受到上部荷载的作用下塑性区的分布范围。从图中可以看出：

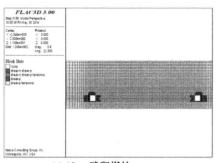
(a) 40 m 残留煤柱

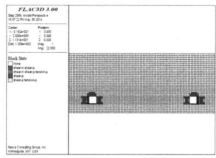
(b) 30 m 残留煤柱

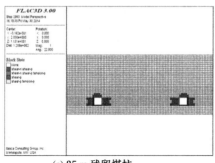
(c) 25 m 残留煤柱

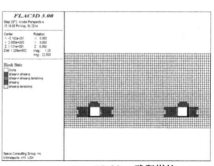
(d) 20 m 残留煤柱

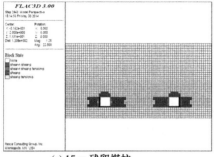
(e) 15 m 残留煤柱

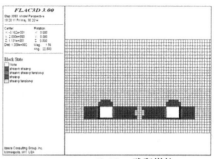
(f) 11 m 残留煤柱

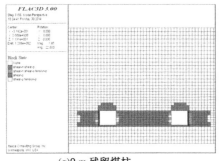

(g)9 m 残留煤柱

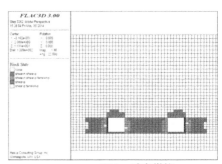

(h)7 m 残留煤柱

图 3-26 不同宽度残留煤柱塑性区分布图

（1）当煤柱宽度分别为40 m和30 m时，空巷上方顶煤均发生剪切破坏，破坏深度均约为1.2 m。空巷外侧煤体边缘发生拉伸破坏，破坏深度均为0.5 m，这部分围岩在拉力作用下可能已经发生片帮，空巷边缘往里部分围岩发生剪切破坏，整体破坏深度均为1.7 m。同时，煤柱边缘也发生拉伸破坏，破坏深度均为0.5 m，这部分围岩可能也发生了片帮，整个煤柱塑性区宽度均为4 m，中间仍分别留有36 m和26 m煤体未破坏，因此煤柱存在一定宽度的弹性核区，煤柱处于稳定状态。

（2）当煤柱宽度分别为25 m、20 m和15 m时，空巷上方顶煤均发生剪切破坏，破坏深度均约为1.2 m。空巷外侧煤体边缘发生拉伸破坏，破坏深度均为0.5 m，这部分围岩在拉力作用下可能已经发生片帮，空巷边缘往里部分围岩发生剪切破坏，整体破坏深度分别为1.7 m、2.7 m和2.7 m。同时，煤柱边缘也发生拉伸破坏，破坏深度均为0.5 m，这部分围岩可能也发生了片帮，整个煤柱塑性区宽度分别为6 m、7 m和8 m，中间仍分别留有19 m、13 m和7 m煤体未破坏，因此煤柱存在一定宽度的弹性核区，煤柱处于稳定状态。

（3）当煤柱宽度为11 m时，空巷上方顶煤发生剪切破坏，破坏深度约为1.2 m。空巷外侧煤体边缘发生拉伸破坏，破坏深度为0.5 m，这部分围岩在拉力作用下可能已经发生片帮，空巷边缘往里部分围岩发生剪切破坏，整体破坏深度为3 m。同时，煤柱边缘也发生拉伸破坏，破坏深度为0.5 m，这部分围岩可能也发生了片帮，整个煤柱塑性区宽度为10 m，中间仅留有1 m煤体未破坏，若煤柱所承受的载荷稍有增加，整个煤柱就会完全处于塑性状态，因此11 m煤柱处于极限稳定状态。

（4）当煤柱宽度为9 m时，空巷上方顶煤发生剪切破坏，破坏深度约为

1.2 m。空巷外侧煤体边缘发生拉伸破坏，破坏深度为 0.5 m，这部分围岩在拉力作用下可能已经发生片帮，空巷边缘往里部分围岩发生剪切破坏，整体破坏深度为 3.5 m。同时，煤柱边缘也发生拉伸破坏，破坏深度为 0.5 m，这部分围岩可能也发生了片帮，整个煤柱塑性区宽度为 9 m，因此，9 m 煤柱处于塑性状态。

（5）当煤柱宽度为 7 m 时，空巷上方顶煤发生剪切破坏，破坏深度约为 1.2 m。空巷外侧煤体边缘发生拉伸破坏，破坏深度为 1 m，这部分围岩在拉力作用下可能已经发生片帮，空巷边缘往里部分围岩发生剪切破坏，整体破坏深度为 3.5 m。同时，煤柱边缘也发生拉伸破坏，破坏深度为 1 m，这部分围岩可能也发生了片帮，整个煤柱塑性区宽度为 7 m，因此，7 m 煤柱处于破碎状态。

综上所述，当残留煤柱宽度大于 11 m 时，煤柱上应力分布基本呈"马鞍形"，煤柱中间存有一定宽度的弹性核区，因此煤柱处于稳定状态；当残留煤柱宽度为 11 m 时，煤柱上应力呈"平台形"分布，此时，煤柱处于极限稳定状态；当残留煤柱宽度为 9 m 时，煤柱上应力呈"拱形"分布，且大于原岩应力，煤柱整体处于塑性状态；当残留煤柱宽度为 7 m 时，煤柱上的垂直应力呈"拱形瘫软"形态，且小于原岩应力，煤柱整体处于破碎状态。因此，当煤柱宽度大于 11 m 时，煤柱处于稳定状态；当煤柱宽度为 11 m 时，煤柱处于极限稳定状态；当煤柱宽度处于 7 m 和 11 m 之间时，煤柱处于塑性状态；当煤柱宽度小于 7 m 时，煤柱处于破碎状态。

3. 残留煤柱中掘进巷道围岩破坏规律数值模拟分析

由残煤复采区残留煤柱赋存状态模拟结果可知，残煤复采区煤柱存在 3 种状态，即稳定状态（含弹性核区）、塑性状态和破碎状态。以 11 m、9 m 和 7 m 煤柱分别代表 3 种状态下的残留煤柱，并再在这 3 种煤柱中央位置沿煤层底板掘进巷道，通过研究巷道垂直应力、垂直应变及破坏深度的变化情况，从而得出残留煤柱中掘进巷道围岩破坏规律，并与实体煤条件下掘进巷道进行比较，得出二者之间的区别与联系。

1）在稳定煤柱中掘进巷道围岩破坏规律分析

（1）巷道垂直应力分析。图 3-27 为在稳定煤柱中掘进巷道顶板垂直应力值，由图可知：

① 在实体煤中掘进巷道，巷道顶板垂直应力由巷道中心向两边煤体先增大再减小，最终趋于原岩应力。在巷道上方应力最小，最大垂直应力点位于离巷道中线约 8.5 m 的位置，最大应力值约为 6.3 MPa，与原岩应力相比较大。

② 在稳定煤柱中掘进巷道，新巷道两侧顶板垂直应力呈"N 型"分布，即在巷道及空巷上方垂直应力最小，在煤柱和空巷外侧实体煤上应力出现峰值，但

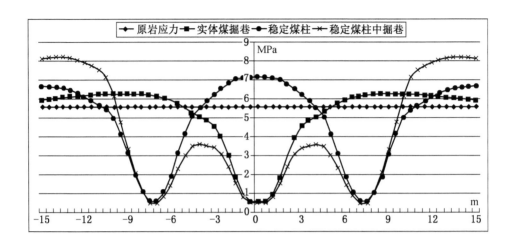

图 3 - 27　稳定煤柱中掘进巷道顶板垂直应力曲线图

在煤柱上的最大垂直应力约为 3.6 MPa，而在空巷外侧实体煤上的最大垂直应力约为 8.2 MPa，两者相差很大，且煤柱上的最大垂直应力值远小于原岩应力，说明在稳定煤柱中掘进巷道后，原处于稳定状态的残留煤柱遭到破坏，不能承受或承受小部分上覆岩层载荷，上覆岩层载荷大部分都转移到空巷外侧实体煤上。

③ 在稳定煤柱中掘进巷道后，原先的大煤柱变为两个小煤柱，煤柱上原先的应力分布状况发生改变。由原先的"平台形"变为"瘫软拱形"形态，且最大垂直应力也由原先的 7.2 MPa 降为 3.6 MPa，煤柱也由原先的稳定状态变为失稳状态。

（2）巷道垂直应变分析。图 3 - 28 反映的是不同条件下掘进巷道顶板垂直应变的变化，从图中可以看出：不管是在实体煤中，还是在稳定残留煤柱中掘进巷道，周围煤体在受到上覆岩层载荷作用下，都会开始向巷道方向挤压。对于稳定残留煤柱而言，煤柱会分为两部分，一部分向原先空巷方向挤压，另一部分则向新掘巷道方向挤压，煤柱呈现膨胀破坏，此时，若中间煤柱失稳，将会导致新掘巷道和原先空巷贯通，造成上方大范围岩层破坏。

（3）巷道围岩破坏深度分析。图 3 - 29 反映的是不同条件下掘进巷道塑性区的分布范围，从图中可以看出：

① 在实体煤条件下，开挖巷道后，巷道周围岩体遭到破坏，巷道顶板围岩发生剪切破坏，破坏深度约为 0.8 m，且最大破坏深度处于顶板的中间位置；巷道两帮边缘围岩发生拉伸破坏，破坏深度约为 0.5 m，这部分围岩可能在拉力作

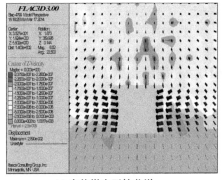

(a) 实体煤中开挖巷道   (b) 残留煤柱中开挖巷道

图 3-28　稳定煤柱中掘进巷道垂直应变矢量图

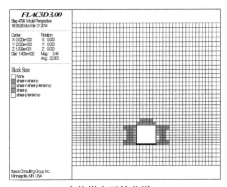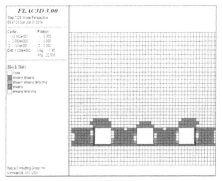

(a) 实体煤中开挖巷道   (b) 残留煤柱中开挖巷道

图 3-29　稳定煤柱中掘进巷道塑性区变化图

用下发生片帮；边缘往里部分围岩发生剪切破坏，且在矩形巷道帮角位置破坏范围最大，破坏深度约为 1.7 m，说明在矩形巷道帮角处出现了应力集中，致使破坏范围变大。

②在稳定煤柱中掘进巷道，对比图 3-26f 可知，新掘巷道位于原残留煤柱的弹性核区。掘巷后，原先的 11 m 的大煤柱变为两个 4 m 的窄小煤柱，原空巷顶板围岩破坏范围变大，空巷外侧煤体破坏深度由原先的 3 m 变为 3.5 m。新掘巷道顶板发生剪切破坏，破坏深度为 0.8 m，两帮煤体边缘发生拉伸破坏，破坏深度约为 0.5 m，这部分围岩在拉力作用下可能已经发生片帮。掘巷后，形成的

两个窄小煤柱在上覆岩层载荷作用下，整体发生破坏，处于破碎状态，但煤柱上方岩体没有发生破坏，说明此时两个窄小煤柱还有一定的支撑能力。

综上所述，在稳定煤柱中掘进巷道，煤柱上的应力分布由原先的"平台形"变为"瘫软拱形"，且应力值也显著降低，上覆岩层大部分载荷转移到空巷外侧实体煤上。整个煤柱发生膨胀破坏，不能承受或只能承受极小部分载荷。

2）在塑性煤柱中掘进巷道围岩破坏规律分析

（1）巷道垂直应力分析。图3-30为在塑性煤柱中掘进巷道顶板垂直应力值，由图可知：

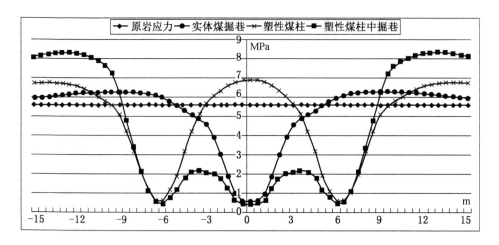

图3-30　塑性煤柱中掘进巷道顶板垂直应力曲线图

① 在实体煤中掘进巷道，巷道顶板垂直应力由巷道中心向两边煤体先增大再减小，最终趋于原岩应力。在巷道上方应力最小，最大垂直应力点位于离巷道中线约8.5 m的位置，最大应力值约为6.3 MPa，与原岩应力相比较大。

② 在塑性煤柱中掘进巷道，巷道两侧顶板垂直应力呈"倒S型"分布，即在巷道以及空巷上方垂直应力最小，在煤柱和空巷外侧实体煤上应力出现峰值，但在煤柱上的最大垂直应力约为2.2 MPa，在空巷外侧实体煤上的最大垂直应力约为8.3 MPa，两者相差很大，且煤柱上的最大垂直应力值远小于原岩应力，说明在此条件下掘进巷道，残留煤柱已经完全破坏，不能承受上覆岩层载荷，上覆岩层载荷全部转移到空巷外侧实体煤上。

③ 在塑性煤柱中掘进巷道后，煤柱上原先的应力分布状况发生改变。由原先的"拱形"分布变为"瘫软拱形"，且最大垂直应力也由原先的6.9 MPa降为

2.2 MPa，煤柱也由原先的塑性状态变为破碎状态。

（2）巷道垂直应变分析。图3-31反映的是不同条件下掘进巷道顶板垂直应变的变化，从图中可以看出：不管是在实体煤中，还是在塑性残留煤柱中掘进巷道，周围煤体在受到上覆岩层载荷作用下，都会开始向巷道方向挤压。对于塑性残留煤柱而言，煤柱会分为两部分，一部分向原先空巷方向挤压，另一部分则向新掘巷道方向挤压，但向空巷方向挤压趋势较为明显。煤柱受到膨胀破坏，导致新掘巷道和原先空巷贯通形成空区，但由于空区范围不大，所以上方岩层破坏范围也较小。

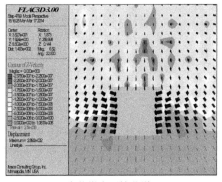

(a) 实体煤中开挖巷道　　　　　　(b) 残留煤柱中开挖巷道

图3-31　塑性煤柱中掘进巷道垂直应变矢量图

（3）巷道围岩破坏深度分析。图3-32反映的是不同条件下掘进巷道塑性区的分布范围，从图中可以看出：

① 在实体煤条件下，开挖巷道后，巷道周围岩体遭到破坏，巷道顶板围岩发生剪切破坏，破坏深度约为0.8 m，且最大破坏深度处于顶板的中间位置；巷道两帮边缘围岩发生拉伸破坏，破坏深度约为0.5 m，这部分围岩可能在拉力作用下发生片帮；边缘往里部分围岩发生剪切破坏，且在矩形巷道帮角位置破坏范围最大，破坏深度约为1.7 m，说明在矩形巷道帮角处出现了应力集中，致使破坏范围变大。

② 在塑性煤柱中掘进巷道，对比图3-26g可知，新掘巷道位于原残留煤柱的中部区。掘巷后，原先9 m的煤柱变为两个宽度为3 m的小煤柱，原空巷顶板围岩破坏深度没有太大变化，空巷外侧煤体破坏深度仍为3.5 m。新掘巷道顶板发生剪切破坏，破坏深度为1.2 m，两帮煤体边缘发生拉伸破坏，破坏深度约为0.5 m，这部分围岩在拉力作用下可能已经发生片帮。掘巷后，形成的两个3 m

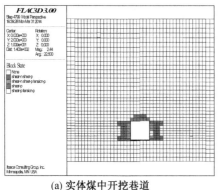
(a) 实体煤中开挖巷道

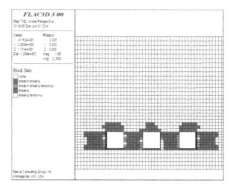
(b) 残留煤柱中开挖巷道

图 3-32　塑性煤柱中掘进巷道塑性区变化图

小煤柱已经丧失支撑能力，变为破碎状态。

综上所述，在塑性煤柱中掘进巷道，煤柱上的应力由原先的"拱形"分布变为"瘫软拱形"，且应力值也显著降低，上覆岩层载荷全部转移到空巷外侧实体煤上。整个煤柱发生剪切破坏，丧失支撑能力。

3）在破碎煤柱中掘进巷道围岩破坏规律分析

（1）巷道垂直应力分析。图 3-33 为在破碎煤柱中掘进巷道顶板垂直应力值，由图可知：

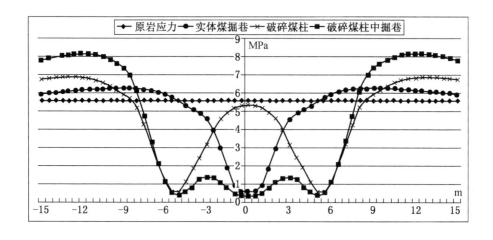

图 3-33　破碎煤柱中掘进巷道顶板垂直应力曲线图

① 在实体煤中掘进巷道，巷道顶板垂直应力由巷道中心向两边煤体先增大再减小，最终趋于原岩应力。在巷道上方应力最小，最大垂直应力点位于离巷道中线约 8.5 m 的位置，最大应力值约为 6.3 MPa，与原岩应力相比较大。

② 在破碎煤柱中掘进巷道，巷道两侧顶板垂直应力近似于"倒 S 型"分布，在煤柱上的应力值很小，约为 1.3 MPa，远小于原岩应力，同时在空巷外侧实体煤上的最大垂直应力约为 8.1 MPa，两者相差很大，说明在此条件下掘进巷道，残留煤柱已经完全破坏，上覆岩层载荷全部转移到空巷外侧实体煤上。

③ 在破碎煤柱中掘进巷道后，煤柱上原先的应力分布状况将发生改变，最大垂直应力由原先的 5.4 MPa 降为 1.3 MPa，煤柱完全处于破碎状态。

（2）巷道垂直应变分析。图 3-34 反映的是不同条件下掘进巷道顶板垂直应变的变化，从图中可以看出：不管是在实体煤中，还是在破碎残留煤柱中掘进巷道，周围煤体在受到上覆岩层载荷作用下，都会开始向巷道方向挤压。对于破碎残留煤柱而言，巷道垂直应变变化情况与塑性煤柱相类似，即巷道开挖后，形成的两个窄小煤柱也将会向原先空巷方向挤压，煤柱呈现剪切破坏，由于煤柱宽度很窄，从而使新掘巷道和原先空巷贯通形成空区，但由于空区范围较小，所以上方岩层破坏范围也较小。

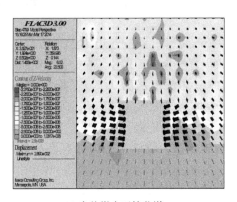

(a) 实体煤中开挖巷道

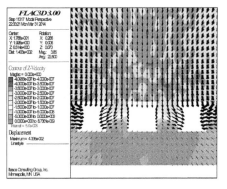

(b) 残留煤柱中开挖巷道

图 3-34　破碎煤柱中掘进巷道垂直应变矢量图

（3）巷道围岩破坏深度分析。图 3-35 反映的是不同条件下掘进巷道塑性区的分布范围，从图中可以看出：

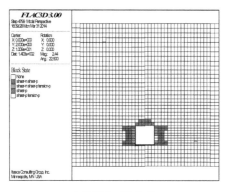

(a) 实体煤中开挖巷道

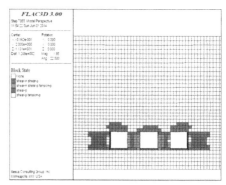

(b) 残留煤柱中开挖巷道

图 3-35　破碎煤柱中掘进巷道塑性区变化图

① 在实体煤条件下，开挖巷道后，巷道周围岩体遭到破坏，巷道顶板围岩发生剪切破坏，破坏深度约为 0.8 m，且最大破坏深度处于顶板的中间位置；巷道两帮边缘围岩发生拉伸破坏，破坏深度约为 0.5 m，这部分围岩可能在拉力作用下发生片帮；边缘往里部分围岩发生剪切破坏，且在矩形巷道帮角位置破坏范围最大，破坏深度约为 1.7 m，说明在矩形巷道帮角处出现了应力集中，致使破坏范围变大。

② 在塑性煤柱中掘进巷道，对比图 3-26h 可知，新掘巷道位于原残留煤柱的中部区。掘巷后，原先 7 m 的煤柱变为两个宽度为 2 m 的小煤柱，原空巷顶板围岩破坏深度没有太大变化，空巷外侧煤体破坏深度仍为 3.5 m。新掘巷道顶板发生剪切破坏，破坏深度为 0.8 m，两帮煤体边缘发生拉伸破坏，由于煤柱只有 2 m 的宽度，所以在受到拉力作用下煤柱可能发生垮塌。掘巷后，形成的两个 2 m 小煤柱根本没有支撑能力，仍然处于破碎状态，煤柱上方岩体也发生破坏，说明此时新掘巷道与原空巷几乎贯通。

综上所述，在破碎煤柱中掘进巷道，煤柱上的应力值显著降低，上覆岩层载荷全部转移到空巷外侧实体煤上。整个煤柱发生拉伸破坏，失去支撑能力。

3.4　复采巷道掘进围岩控制方案

3.4.1　复采巷道围岩加固技术

1. 碎裂围岩加固方式选择

根据目前的围岩加固技术发展和现场工程实践经验，复采巷道过旧采空巷碎裂围岩加固方式主要有两种：

1）传统预穿钢钎方式

对于采空区煤与矸石已经冒落的地段，要采用预穿钢钎的方法控制顶板，钢钎采用直径不小于 28 mm 的圆钢制作，长度不小于 3 m，每个断面视煤矸破碎情况于顶板均匀布（穿）设 5～6 根，每穿一次钢钎，最大允许掘进距离不大于 2 m，然后重新向前穿设钢钎。

这种方式简单方便，费用低，但危险性大，特别是顶板比较破碎情况下，一旦基本顶垮落下来，难以控制，容易发生冒顶事故，而且掘进后巷道漏风系数大，不利于通风管理。

2）新型注浆加固方式

随着注浆技术的不断成熟，利用注浆材料加固破碎围岩，在掘进巷道上方形成承载拱，可以为掘进巷道提供安全作业空间，这一技术已成为破碎围岩中掘进巷道的发展趋势。

这种方式作业安全，适用于各种破碎围岩，尤其对于复采区直接顶完全冒落，基本顶与冒落矸石之间存在空间，注浆可有效缓解基本顶的下沉，防止基本顶因二次采动影响出现冒顶现象。同时，注浆后巷道四周成为封闭区域，有利于通风管理。但该方式也存在成本高、施工复杂的缺点。

鉴于以上分析，圣华煤业复采区域掘进巷道，围岩采取后加固方式，即先在破碎煤岩体中掘进巷道，然后再注浆进行加固。

2. 旧采空巷碎裂围岩注浆加固

为了在空巷冒落区内掘进巷道必须进行注浆加固围岩，分析注浆机理，选择合适的注浆材料，研究分层次、分步骤注浆设计，提高围岩稳定性。

1）加固机理分析

破碎煤岩体中注入浆液，其注浆主要可起到网络骨架作用，提高煤岩体的整体强度；黏结补强作用；充填压密作用；转变破坏机制作用；与支护结构形成共同承载作用；封闭保护作用；减小巷道围岩松动圈作用。

2）加固材料类型

加固材料目前可以分为两大类：水泥类浆液和化学类浆液。

水泥类注浆：传统的水泥浆液虽然价格便宜，但凝固时间长，渗透性差。铝基超高水材料属于新型水泥类注浆材料，根据注浆改性材料试验结果，铝基超高水材料流动性、渗流效果好，且易于洗选，凝结时间易调，能够满足巷道掘进的进度要求。

化学注浆：①具有良好的可注性；②凝胶时间短，可根据需要调节；③固化后与破碎围岩有一定的黏结力；④浆液固结体具有收缩小或微膨胀性特点，浆液在采空区冒落裂缝固化后，能达到很高的固结强度，能满足掘进巷道控制围岩稳定的要求；⑤稳定性好，耐久性强，并且具有耐侵蚀性；⑥价格相对昂贵，不利于大范围使用。

3号煤层复采巷道掘进时通过大量的旧采空巷，且这些空巷大部分都已垮落，考虑到浆液的流动性、凝结时间、固结效果及材料价格，选择铝基超高材料作为主要注浆加固材料。

3.4.2 复采巷道掘进支护方案

复采工作面顺槽掘进断面设计为梯形，掘进断面上宽 3000 mm，下宽 3900 mm，高 2650 mm，掘进断面积 9.14 m²。采用架梯形工字钢棚对巷道进行支护，架棚后巷道上净宽 2700 mm，下净宽 3600 mm，净高 2500 mm，净断面积为 7.87 m²。根据复采巷道围岩结构类型分类结果，提出不同的支护方案。

1. 实体完整型

复采巷道在残留煤柱中沿3号煤层底板掘进，煤柱两边是空巷或采空区，如图 3 − 36 所示。

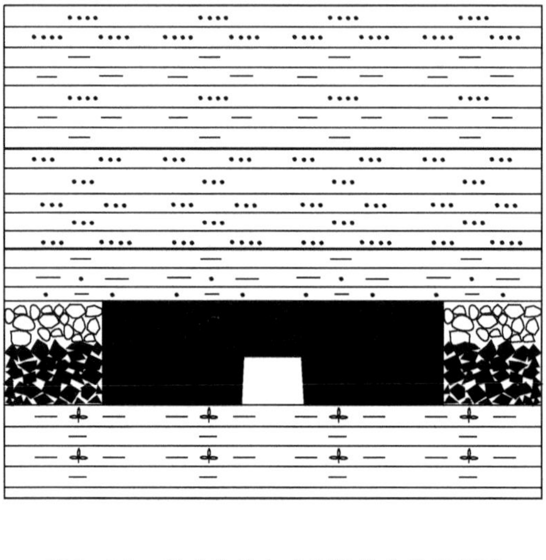

图 3−36 复采巷道在残留煤柱中沿底掘进

这种情况在复采巷道中占大多数，支护方法与在实体煤中掘进基本相同，巷道沿底板掘进，采用"顶锚网索 + 帮锚杆 + 工字钢棚"联合支护方式，如图 3 − 37 所示。

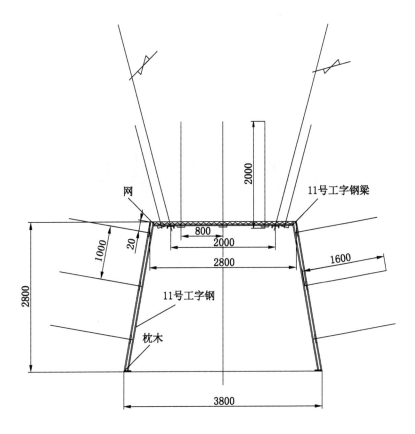

图3-37 复采巷道在残留煤柱中沿底掘进支护方案

2. 空区完整型

复采巷道在空区中沿3号煤层底板掘进，旧采巷道因顶煤较硬，未发生垮落，直接顶、基本顶存留完好，巷道两边是残留煤柱，形成小范围空区，如图3-38所示。

当巷道掘进遇到此种情况时，采取"顶煤锚网索+工字钢棚+背板+工字钢棚上架木垛+丛柱"的综合支护方案。此支护方案为原断面高5 m的情况，如果原巷道断面高2.5 m，则不需要架木垛接顶，其他支护方式同上，如图3-39所示。

3. 有空隙完整型

复采巷道在空区中沿3号煤层底板掘进，旧采巷道顶煤垮落，直接顶、基本顶存留完好，巷道两边是残留煤柱，形成大范围空区，如图3-40所示。

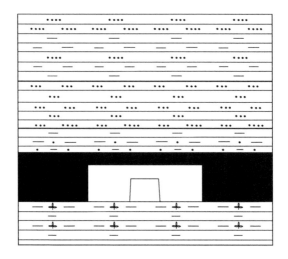

图 3-38 复采巷道在空区完整型围岩中沿底掘进

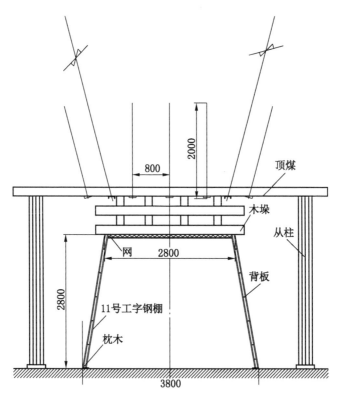

图 3-39 复采巷道在空区完整型围岩中沿底掘进支护方案

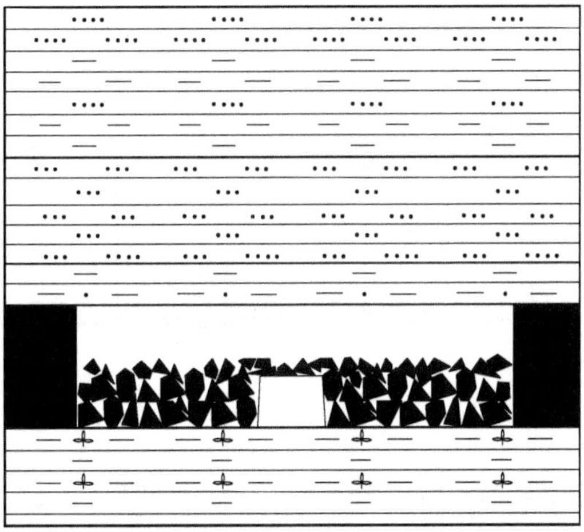

图 3-40　复采巷道在有空隙完整型围岩中沿底掘进

当巷道掘进遇到此种情况时，采取"顶板空区范围全部锚网索＋工字钢棚＋背板＋两帮喷浆"的综合支护方案，如图 3-41 所示。

4. 无空隙完整型

复采巷道在冒落煤岩体中沿 3 号煤层底板掘进，顶煤和直接顶完全垮落且充满采空区，基本顶出现裂隙，如图 3-42 所示。

巷道掘进遇到此种情况时，采取"钢管撞楔法构造人工假顶＋11 号工字钢对棚＋背板＋水泥注浆加固两帮碎石"的综合支护方案，如图 3-43 所示。

5. 有空隙结构型

复采巷道在冒落煤岩体中沿 3 号煤层底板掘进，顶煤和直接顶冒落后未充满采空区，基本顶断裂较明显，但断裂后形成一定结构，并且基本顶和冒落的煤矸之间有一定间隙，掘进巷道顶板为冒落的煤矸，且上面存在空区，底板为直接底，如图 3-44 所示。

当巷道掘进遇到此种情况时，采取"11 号工字钢对棚＋背板＋工字钢棚上管棚注马丽散＋上方空区注罗克休＋水泥注浆加固两帮碎石"的综合支护方案，如图 3-45 所示。

6. 无空隙冒落型

复采巷道在冒落煤岩体中沿 3 号煤层底板掘进，顶煤、直接顶全部垮落，基本顶部分垮落并且充满采空区，掘进巷道顶板为冒落的煤矸，如图 3-46 所示。

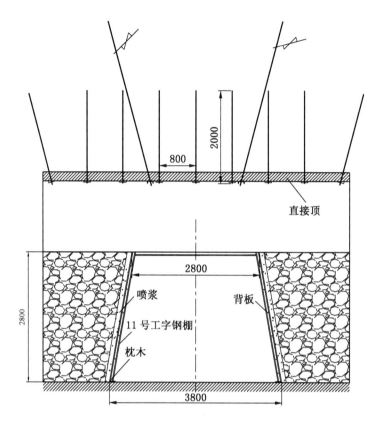

图 3-41 复采巷道在有空隙完整型围岩中沿底掘进支护方案

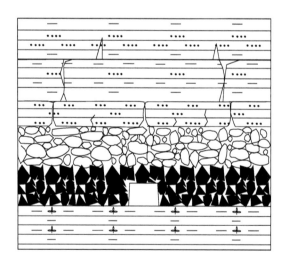

图 3-42 复采巷道在无空隙完整型围岩中沿底掘进

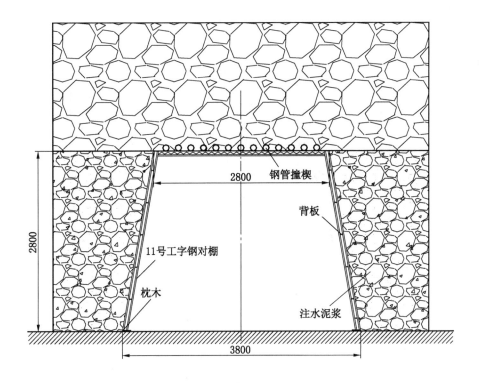

图 3-43　复采巷道在无空隙完整型围岩中沿底掘进支护方案

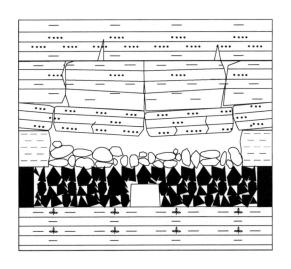

图 3-44　复采巷道在有空隙结构型围岩中沿底掘进

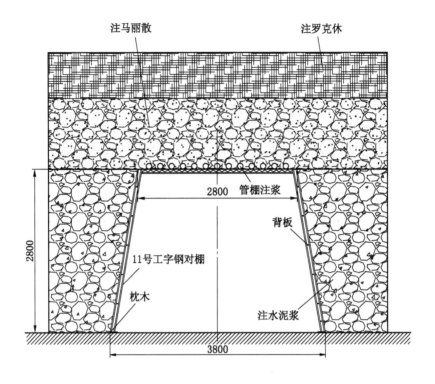

图 3-45　复采巷道在有空隙结构型围岩中沿底掘进支护方案

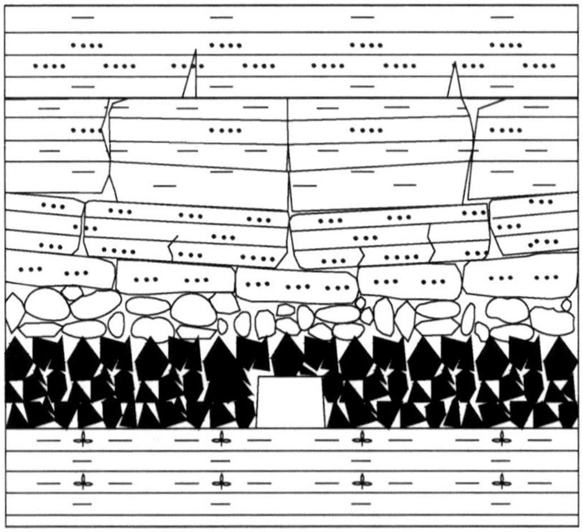

图 3-46　复采巷道在无空隙冒落型围岩中沿底掘进

当巷道掘进遇到此种情况时，采取"顶部管棚注马丽散 + 11 号工字钢对棚 + 背板 + 水泥注浆加固两帮碎石"的综合支护方案，如图 3 - 47 所示。

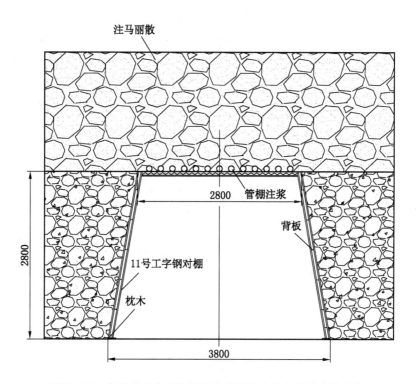

图 3 - 47　复采巷道在无空隙冒落型围岩中沿底掘进支护方案

3.4.3　复采巷道支护加强措施

1. 复采巷道穿越煤柱

巷道掘进穿越煤柱，顶板压力较大时，可采用在棚梁下架设中柱方法，如图 3 - 48a、图 3 - 48b 所示。当煤柱较小或煤柱本身已经被压酥时，掘进时巷道两帮容易破碎，甚至发生漏空现象，此时需要减小工字钢棚间距为 500 mm，同时两帮铺设金属网，必要时两帮采取喷浆或注浆措施，防止两帮破碎和漏风，如图 3 - 48c、图 3 - 48d 所示。

2. 复采巷道穿越空巷

掘进范围内空巷断面在 3 m×2.5 m 左右，巷道掘进可能以各种角度穿越这些空巷，会出现平行相交、垂直相交、小角度相交、大角度相交的情形。当揭露平行空巷或小角度相交空巷时，掘进时可能出现一半是实体煤一半是空巷的情况。一般情况下，巷道掘进穿越旧采空巷角度越小，揭露空巷的长度越长。

(a) 木中柱

(b) 工字钢中柱

(c) 排距 800 mm

(d) 排距 500 mm

图 3 - 48　穿越煤柱支护方式

（1）当巷道掘进遇到一半是实体煤一半是空巷的情况时，按照设计断面掘进，实体煤一侧需要刷扩，空巷侧堆积袋装的煤矸石，采用基本架棚支护，棚距 800 mm，空巷侧接顶，如图 3 - 49a 所示。

(a) 采空侧袋装煤矸石接顶支护

(b) 顶板木垛接顶支护

图 3 - 49　穿越空巷支护方式

（2）当巷道掘进平行穿越空巷时，需要对原有空巷进行刷扩并采用基本架棚支护，架棚棚距为800 mm，空巷较高时在工字钢上架木垛接顶，如图3-49b所示。

（3）当巷道掘进垂直或有角度穿越空巷时，在基本架棚支护基础上，首先需对交叉点打锁口锚索加强支护，缩小棚间距为500 mm，其次需对两侧的空巷封闭，减少漏风。

3. 复采巷道穿越空区

空区宽度为4~8 m，最高为6.65 m，呈拱形。巷道掘进穿越空区的角度越小，揭露的空区面积越大。巷道在空区中掘进，掘进断面比原空区断面小，而且顶部空间较大，掘进时可考虑先在顶部打锚杆锚索，然后采用架棚支护，架棚支护棚距为800 mm，在工字钢棚两帮堆积袋装的煤矸石，并在工字钢顶部架设木垛接顶，必要时四周喷浆，防止漏风。

4. 复采巷道穿越冒落区

掘进工作面遇到巷道冒落，冒落范围较大，冒顶较高，冒落处堆积煤矸石较多，且冒落后冒落拱煤矸石未稳定，有继续冒顶片帮危险，无法有效管理控制顶帮情况下，沿煤层底板采用预穿钢钎法控制顶部活煤矸石后，架密集梯形工字钢棚由冒落煤矸石下方穿过冒顶区，密集钢棚棚距为300 mm，如图3-50所示。

(a) 排距300 mm 顶板　　　　　　(b) 排距500 mm 两帮

图3-50　穿越冒落区支护方式

3.5　本章小结

本章主要结合复采巷道围岩的赋存条件及复采巷道的布置方式，对残煤复采巷道掘进及支护过程中所遇到的问题进行分析，通过数值模拟的方法对旧采区的围岩破坏特征及巷道围岩的应力分布规律进行研究，进而采用理论分析和数值模拟的方法重点分析了复采巷道在煤柱中的变形破坏机理，最后根据不同的巷道围岩赋存特征给出不同的巷道掘进围岩控制方案，主要研究结论如下：

（1）根据残采区顶煤及直接顶的垮落情况，将复采巷道围岩结构类型分为六类：实体完整型、空区完整型、有空隙完整型、无空隙完整型、有空隙结构型、无空隙冒落型。

（2）结合复采巷道的围岩条件及布置方式，复采巷道掘进时会遇到空区、空巷、松散围岩、垮落顶板等多重情况，复采巷道支护主要存在的问题为：临时支护困难、锚杆施工困难、破碎围岩等。

（3）通过使用 RFPA 三维数值模拟软件，研究了旧采区煤柱核区、塑性区大小及煤柱的状态。当煤柱安全系数小于 1.3 时，煤柱破坏；当煤柱安全系数大于或等于 1.36 时，煤柱能保持稳定。通过研究几个关键位置处的应力、位移大小，得出了各位置处的影响因素大小排名及应力、数学模型。

（4）以圣华煤业残采区为研究背景，采用理论分析得出圣华煤业残留煤柱塑性区宽度为 1.7 m；采用 FLAC 数值模拟的方法得出当煤柱宽度大于 11 m 时，煤柱处于稳定状态；当煤柱宽度为 11 m 时，煤柱处于极限稳定状态；当煤柱宽度处于 7 m 和 11 m 之间时，煤柱处于塑性状态；当煤柱宽度小于 7 m 时，煤柱处于破碎状态。

（5）针对不同的围岩条件、围岩应力分布规律和巷道围岩破碎情况，对复采巷道的破碎围岩采用预穿钢钎或注浆加固的方式进行加固；根据不同的围岩结构提出了不同的巷道掘进支护方案，并提出了特殊情况下的巷道支护加强措施。

4 残煤复采采场覆岩结构及运移规律

4.1 采场覆岩结构及运移规律的研究现状及重要性

4.1.1 覆岩结构及运移规律研究历史沿革及现状

为了能够合理地解释矿山压力现象，早在 20 世纪初，国外学者就提出了不同的矿山压力假说。如德国人哈克和吉里策尔提出了压力拱假说，施托克提出了悬臂梁假说。进入 20 世纪 50 年代，随着煤炭工业技术及装备的发展，人们在不断总结实测结果的基础上，对采场上覆岩层运动时的结构形式有了新的认识。根据长壁工作面上覆岩层的破坏结构，苏联库兹涅佐夫提出了铰接岩块假说，同一时期，根据破断岩块的相互作用关系，比利时学者 A. 拉巴斯提出了预成裂隙假说。

20 世纪 70 年代末，钱鸣高院士提出基本顶断裂后将形成"砌体梁"平衡。当基本顶的悬顶长度达到其极限跨距后，随着回采工作面继续推进，基本顶发生初次断裂。由于破断岩块互相挤压形成水平力，从而在岩块间产生摩擦力。工作面的上、下两区是圆弧形破坏，岩块间的咬合是一个立体咬合关系，而对于工作面中部，则可能形成外表似梁，实质是拱的裂隙体梁的平衡关系，这种结构称之为"砌体梁"。岩体结构的"砌体梁"力学模型对采空区覆岩破坏带进行了划分。对于残煤复采而言，其不同之处在于煤层赋存较复杂，但并不影响长壁工作面采场上覆岩层破坏带的划分。也就是说，不论是实体煤长壁开采还是残煤复采长壁开采，从大结构上划分，可以把采场上覆岩层沿回采工作面推进方向划分为煤壁支承区、离层区、重新压实区；沿垂直方向由开采水平到地表划分为垮落带、断裂带和弯曲下沉带，如图 4-1 所示。

20 世纪 90 年代，钱鸣高院士提出了"关键层"理论。该理论认为，采场基本顶由多层厚度不等、强度不同的岩层组成，而其中的一层或几层坚硬岩层对整个采场上覆岩层的运动起着控制作用。很显然，采场上覆岩层中的关键层理论把采场矿压、岩层移动、地表沉陷等方面的研究在力学机制上有机地统一为一个整体，为岩层控制理论的进一步研究奠定了基础。

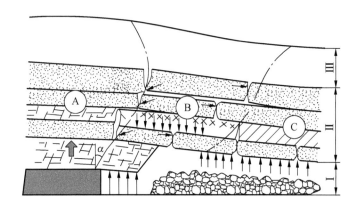

Ⅰ—垮落带；Ⅱ—断裂带；Ⅲ—弯曲下沉带；

A—煤壁支承区；B—离层区；C—重新压实区

图 4-1　采场上覆岩层的"砌体梁"结构模型

宋振骐院士在大量现场实测的基础上，提出了"传递岩梁"理论。如图 4-2 所示，在采场上覆岩层中，将每一组能始终保持"假塑性状态"（即铰接状态），同时运动或近乎同时运动的一层或多层岩层组成的整体称为"传递岩梁"。该理论揭示了岩层运动与采动支承压力的关系，明确提出了内外应力场的观点，并以此为基础，提出了系统的采场来压预报理论和技术。该理论认为基本顶岩梁对支

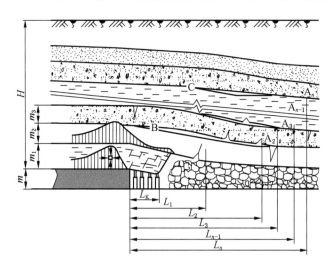

图 4-2　传递岩梁模型

架的作用力取决于支架对岩梁运动的抵抗程度，可能存在"给定变形"和"限定变形"两种工作方式，并给出了在"限定变形"工作状态下支架围岩关系的表达式，即位态方程。采场周围支承压力分布的内、外应力场理论也是该假说的重要组成部分，即认为以基本顶岩梁断裂线为界分为内、外两个应力场。此观点对确定巷道的合理位置及采场顶板控制方式起到了积极的作用。

1982年，太原理工大学贾喜荣教授开始把弹性薄板理论应用于采场稳定岩层控制分析中，根据顶板岩层在不同时期的运动特征，建立了"弹性板与铰接板结构"力学模型，并成功地应用于采煤工作面顶板来压步距和来压强度的计算预测中，同时编制了RST采场矿压计算专用软件。

4.1.2 采场覆岩结构研究的重要性

地下采矿工程活动破坏了原岩初始应力状态，在工程围岩中引起应力重新分布，重新分布后的应力可能升高，也可能降低，如果升高后的应力达到岩体的破坏极限，则引起围岩的变形、破坏。因此，采矿工程中控制、减轻、转移这种破坏是保持工程结构稳定及维持正常生产的关键。就长壁开采而言，开采活动在采场周围形成了"支承压力"，煤壁前方的支承压力将使煤壁形成一定深度塑性区，这是引起煤壁片帮的主因。采场两侧的支承压力则影响煤柱的稳定性，是确定煤柱尺寸、巷道支护方式的主要依据。长壁开采的另一特点是允许或人为使采空区顶板垮落，工作面支架的设计应与顶板垮落过程中产生的力学效应相适应，在保证安全的条件下降低工作面支架的制造成本，简化生产工艺。可见，开采中顶板垮落特征及由此引起的力学特征是采场围岩控制的基础。

残煤复采综放开采与普通综放开采的主要区别是：煤层赋存结构复杂，残煤复采煤层中存在大量的空巷、空区及冒顶区，这些旧采遗留巷道的存在使得复采工作面小结构（垮落带）范围内顶板破断特征与实体煤开采明显不同，基本顶断裂线向工作面前方移动；矿压显现剧烈，周期来压不规律，受旧采遗留巷道的影响，围岩应力分布特征与实体煤开采不同，应力集中明显，工作面与前方空巷之间的煤柱易失稳造成顶板突然断裂形成冲击压力；液压支架受力不均匀，由于周期来压不规律，断裂线向工作面前方移动，支架需承受顶板突然断裂形成的冲击载荷。但是从大结构而言，残煤复采工作面上覆岩层的结构仍然与实体煤开采相似。本章以圣华煤业3号煤的地质条件为基础，采用理论分析和相似模拟等方法，对残煤复采采场上覆岩层结构及运移规律进行研究。

4.2 采场顶板破断结构及运动特征模拟研究

为了研究残煤复采采场覆岩结构及矿山压力显现规律，指导现场采场围岩控制及生产实践，研究采用三维立体相似模拟和平面应变相似模拟相结合的方式对残煤复采采场覆岩破断结构和运移规律进行研究。

残煤复采综放工作面模拟研究以晋煤集团泽州天安圣华煤业 3 号煤层一采区 3101 复采工作面为地质原型。3 号煤层平均厚度为 6.65 m，一般含 1~2 层夹矸，夹矸总厚一般小于 0.5 m，煤层结构简单，煤质为无烟煤。通过对圣华煤业 3 号煤煤层顶板现场取样并进行岩石力学实验，获取圣华煤业 3 号煤及其上覆岩层岩性、分层厚度及各岩层物理力学参数，如图 3-13 所示，为 3 号煤残煤复采研究提供基础数据。

4.2.1 模拟实验方法及方案

从旧式开采到复采，上覆岩层要经历多个工序的影响，包括旧采开采的影响、复采巷道掘进及复采工作面采动的影响。每个阶段都可能引起覆岩变形及破断，致使残煤复采采场围岩约束条件及载荷条件发生复杂变化。三维相似模拟实验是以相似理论、因次分析作为依据的实验室研究方法，能够准确地判断采场支架的受力特征及围岩应力分布规律，但是受观测手段的限制，三维相似模拟实验不能够直观地观测到残煤复采采场内部顶板断裂及运移特征。为了能够全面地分析复采采场顶板断裂情况，本书采用与三维相似模拟相同的地质原型、相同的顶底板岩石力学参数、相同的材料配比、相同的实验条件、相同的测试系统及实验设备，利用平面应变柔性加载实验装置进一步研究残煤复采采场顶板的断裂特征。

1. 模型参数

三维实验设备采用太原理工大学研制的三维相似模拟实验台，实验台模型尺寸为 3000 mm × 2000 mm × 2000 mm。加载系统由 6 个 150 t 的油缸、40 mm 厚的钢板和加强筋组成的加载板组成，总的加载力可达到 900 t。垂向地应力由该加载系统施加，水平地应力靠约束施加，没有配备单独的侧向加载系统，如图 4-3 所示。模拟开采深度为 250 m，煤层厚度为 6.5 m，采放比为 1.0：1.32。模型的几何相似比 $C_L = 1:30$，因而模拟残煤复采工作面长度为 60 m，推进长度为 90 m，模型实际装设岩层高度为 50.4 m，其中底板 16.8 m，煤层 6.5 m，直接顶 4.66 m，基本顶 16.1 m，其上砂岩、泥岩互层共 30 m。用轴向加载系统施加均布载荷的方式达到原型深度的要求，计算出顶部加载板需加载 0.09971 MPa 的均布载荷。根据相似理论计算得出模型的容重相似比 $C_\gamma = 1:1.76$（岩石）、$C_\gamma = 1:1$（煤）；应力与弹性模量相似比 $C_{\sigma,E} = 1:52.8$；载荷相似比 $C_F = 1:47520$；时间相似比 $C_t = 1:5.477$。

平面应变柔性加载实验装置尺寸为 3000 mm × 3000 mm × 200 mm，其四周用槽钢和有机玻璃板进行约束，顶部用皮囊充气柔性加载系统来补偿上覆岩重力载荷的损失，通过装置前面装设的有机玻璃板可进行各岩层运移及破断特征的监测。为了能够有效地补充三维相似模拟的不足，该实验的所有参数均与三维相似模拟实验相同。但由于平面实验装置可装载的岩层高度为 63.25 m，因此模型顶部需加载 0.08628 MPa 的均布载荷。表 4-1 为原型、模型参数配比表。

表 4-1 煤岩物理力学参数及相似材料配比

岩层名称	岩层厚度/m	抗拉强度/MPa	弹性模量/GPa	内聚力/MPa	抗压		容重		配比
					原型/MPa	模型/MPa	原型/(g·cm⁻³)	模型/(g·cm⁻³)	砂子:石膏:石灰
细粉砂岩	6.6	9.53	13.97	4.32	86.34	1.64	2.65	1.51	9:2:0
细砂岩	3.68	5.97	9.54	3.5	36.82	0.70	2.64	1.50	14:1:1
粗粉砂岩	3.7	4.9	7.92	3.39	55.58	1.05	2.73	1.55	35:6:4
细粒砂岩	3.9	6.45	11.07	2.02	62.47	1.18	2.75	1.56	4:1:1
砂岩	2.86	5.44	6.12	2.07	47.45	0.90	2.65	1.51	15:4:1
砂质泥岩	3.6	2.34	3.48	2.08	32.63	0.62	2.59	1.47	14:2:3
砂岩	6.25	6.45	5.72	2.17	42.45	0.80	2.65	1.51	12:1:1
泥岩	2.2	3.57	3.72	1.98	25.58	0.48	2.66	1.51	8:2:1
砂岩	0.85	5.97	6.17	2.14	36.82	0.70	2.72	1.55	14:1:1
砂质泥岩	3.7	3.49	2.19	1.98	32.63	0.62	2.59	1.47	14:2:3
粉砂岩	1.75	3.23	8.59	2.15	56.34	1.07	2.64	1.50	7:1:2
炭质泥岩	2.1	4.9	2.88	2.78	25.58	0.48	2.63	1.49	8:2:1
3 号煤	6.5	1.05	1.98	1.63	7.78	0.15	1.43	1.43	7:1:2
粉砂岩	2.92	4.36	7.03	4.12	43.40	0.82	2.64	1.50	10:1:1
细粒砂岩	4.47	5.16	12.83	3.16	67.21	1.27	2.65	1.51	4:2:1
黑色泥岩	15.15	3.12	3.17	2.45	32.68	0.62	2.58	1.47	14:2:3

2. 实验方案及测试系统

残煤复采的特点在于煤层赋存的复杂性，残煤复采煤层中存在大量旧采时形成的空巷、空区及冒顶区，这些巷道的方位可能与工作面平行、斜交，也可能与工作面垂直。本次相似模拟实验主要研究旧采遗留巷道与工作面平行或斜交时复采工作面采场的矿压显现规律。根据残煤复采的特点结合实验研究的主要内容，模型中划分为 3 个区域，区域一布置 1 个空巷、1 个空区和 1 个冒顶区；区域二为实体煤；区域三布置 1 条倾斜空巷和 1 条倾斜空区，具体方案如图 4-4 所示。平面应变相似模拟旧采巷道的留设与区域一相似。

图 4-3 三维相似模拟实验台

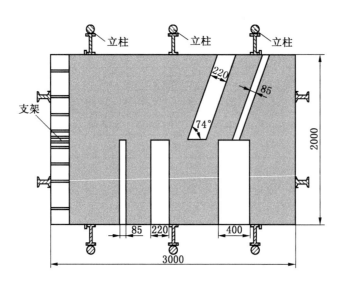

图 4-4 实验煤层赋存方案

为了能够尽可能准确地测试残煤复采采场岩层断裂特征及矿压显现规律，在实验设计时选用了如下几套测试系统：①表面位移测试系统系统（平面相似模拟）；②内部窥视测试系统（三维模拟）；③内部位移测试系统（三维模拟）。

4.2.2 残采煤层赋存特征及巷道顶板稳定性分析

1. 残采煤层赋存特征

由于残采后煤层中遗留的空巷宽度不同，巷道围岩稳定性也不同。从图4-5可以看出，当巷道宽度为2.55 m（空巷）时，巷道的稳定性较好；当巷道宽度为6.6 m（空区）时，巷道的顶板及两帮局部帮和冒顶，整体稳定性较好；当巷道宽度达到12 m（冒顶区）时，巷道的两帮出现片帮且顶煤及部分直接顶发生垮塌。实验结果表明：巷道围岩的稳定性随着巷道宽度的增加而降低，且由于各巷道之间的煤柱宽度较宽，各煤柱的稳定性较好，没有形成贯穿整个煤柱的裂隙或失稳特征。

(a) 三维模拟

(b) 平面模拟

图4-5 厚煤层残采后煤层赋存及破坏特征

2. 巷道顶板稳定性分析

研究表明，岩层运动由弯曲沉降发展至破坏的力学条件是岩层中的最大弯曲拉应力达到其抗拉强度。厚煤层残采时，为了保证工作空间的完整性，旧采遗留空巷的宽度一般小于岩层梁的极限跨距 L_1。将空巷顶板简化的力学模型，如图4-6所示，顶板岩层同时受两个力的作用，一是自重，二是轴向推力 N。轴向推力 N 是由

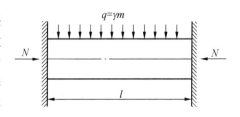

图4-6 空巷顶板力学模型

作用在巷道两侧的支承压力 σ_x 所引起的。如果空巷宽度 l 超过顶板岩层维持平衡时的极限跨度 L_1，两端拉应力超限发生断裂、垮落。

顶板岩层的极限跨距 L_1 将由式（4-1）决定：

$$L_1 = h\sqrt{\frac{2k[\sigma]_{拉}}{n \cdot q}} \tag{4-1}$$

式中　　L_1——空巷极限跨度，m；

　　　　h——顶板岩层分层厚度，m；

　　　　$[\sigma]_{拉}$——顶板岩层分层抗拉强度，MPa；

　　　　k——弱化系数，取 $0.2 \sim 0.5$；

　　　　q——顶板岩层所承受的载荷；

　　　　n——岩层趋向断裂的安全系数。

空巷顶煤在受自重作用影响的同时，还要受到其上方岩层间相互作用而产生的载荷，式（4-1）中的 q 可依据组合梁理论得出载荷计算公式：

$$(q_n)_1 = \frac{Eh_1^3(\gamma_1 h_1 + \gamma_2 h_2 + \cdots + \gamma_n h_n)}{Eh_1^3 + E_2 h_2^3 + \cdots + E_n h_n^3} \qquad (4-2)$$

式中　h_1，$h_2 \cdots h_n$——各岩层厚度，m；

　　　E_1，$E_2 \cdots E_n$——各岩层弹性模量，GPa；

　　　γ_1，$\gamma_2 \cdots \gamma_n$——各岩层体积力，kN/m³。

当利用式（4-2）计算到 $(q_{n+1})_1 < (q_n)_1$ 时，则以 $(q_n)_1$ 作为作用于顶煤所承受的载荷，当上部岩层强度比悬露岩层大时，该岩层只承受自身重力作用；当顶煤受弯拉破坏冒落至空巷内，冒落顶煤与直接顶之间仍存在空顶时，直接顶有活动空间，可能继续垮落。

对于厚煤层残煤复采而言，旧采遗留巷道顶板的稳定性应从两个方面分析：①在实际开采过程中由于在巷道中部增加木点柱（信号柱）支护顶板，所以旧采遗留空巷的宽度可能大于顶煤的极限跨距，甚至大于直接顶岩梁层的极限跨距，经长时间的氧化作用，木点柱丧失支撑能力后，顶板发生垮落；②除了弹性变形以外，还应考虑岩石的蠕变对顶板稳定性的影响。岩石变形不是瞬时完成的，当应力不变时，岩石应变随时间延续而增长，当岩石应力较大时，岩石变形不断增加直到破坏。

4.2.3 残煤复采采场岩层破断过程及运移规律

1. 残煤复采采场岩层破断过程

基本顶初次来压和周期来压时，煤层空巷对采场岩层的破坏规律有显著的影响。当工作面推进至 6.5 m 时，顶煤垮落，如图 4-7 所示，此时开始放顶回收顶煤；当工作面推进至 17.6 m 时，随着顶板悬露跨度的增加，部分直接顶受弯拉破坏而发生垮落，部分直接顶受弯曲沉降作用出现离层，其破坏高度为 7.5 m，同时基本顶出现弯曲变形，如图 4-8 所示。从直接顶初次垮落到推进至 29.2 m 以前，直接顶呈分次冒落，冒落岩层呈层状垮落至采空区；基本顶初次垮落步距为 29.2 m，工作面后方顶板的断裂角为 58°，冒落顶板呈"假塑性梁"垮落至直接顶矸石及支架顶梁上方，冒落岩体充满了整个采空区高度，如图 4-9 所示。

图 4-7　残煤复采采场顶煤初次冒落

图 4-8　残煤复采场直接顶初次垮落

图 4-9　残煤复采采场基本顶初次垮落

根据基本顶"X"型的破坏特点,对于三维相似模拟而言,可将工作面分为上、中、下 3 个区域。破断的岩块由于互相挤压形成水平力,从而在岩块间产生摩擦力。破断后的岩块互相挤压有可能形成三角拱式的平衡结构。此结构在一定条件下可能导致岩块形成变形失稳或滑落失稳。基本顶达到初次垮落步距 C_0,基本顶垮落,工作面推进至周期来压步距 C_1 的位置,由于采空区搭接板的作用力所形成的弯矩超过限度,"岩板"将在推进方向的嵌固端断裂。基本顶岩层运动及破坏的发展过程如图 4-10 所示。由此可知，三维相似模拟模型表面的顶板破坏特征并不能真实的反映采场内部顶板破断结构及运动形式。因此，残煤复采采场顶板破断特征还要依据平面应变相似模拟进行进一步的分析。

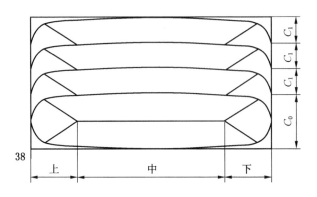

图 4-10　基本顶岩层运动及破坏的发展过程

由于 6.6 m 宽的空巷顶板受采动影响，顶板岩层中形成几乎与顶板断裂角相近的裂隙，当工作面推进至 39.6 m 时，基本顶沿裂缝走向形成第一次周期断裂，断裂步距仅 10.4 m；当工作面推进至 47.6 m 时，即工作面与空巷（宽 12 m）之间的煤柱宽度为 6 m 时，位于空巷上方基本顶出现裂缝，随着工作面继续推进，空巷上方直接顶屈服破坏向基本顶扩展，工作面后方基本顶破坏范围向工作面前方延伸，直至与空巷上方断裂裂缝贯通，工作面前方顶板以空巷右侧煤壁为基点向下方旋转，此时断裂角为 64.5°，第二次周期来压形成；当工作面推进至 73.8 m 和 85.2 m，顶板出现第三次和第四次周期断裂。采场顶板周期垮落特征见图 4-11 和表 4-2。

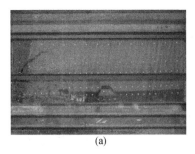
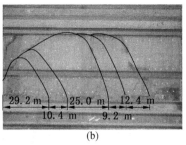

图 4-11　残煤复采采场顶板周期垮落特征

表4-2 残煤复采采场顶板来压特征表

序号	推进距离/m	来压名称	来压步距/m	顶板冒高/m	冒落角/(°)
1	29.2	初次来压	29.2	24.3	58
2	39.6	第一次周期来压	10.4	24.6	56
3	64.6	第二次周期来压	25.0	32.8	64.5
4	73.8	第三次周期来压	9.2	24.5	62.2
5	85.2	第四次周期来压	12.4	28.6	57.4

2. 残煤复采采场岩层结构演化及运移规律

实验结果表明，随着工作面的推进，不同宽度的旧巷、不同宽度的煤柱对岩层结构演化及运移规律的影响存在共性：随着煤层采出，顶板岩层内产生相应裂隙，大多裂隙呈50°~90°，呈动态变化，表现为岩层开裂产生新裂隙和已产生裂隙扩展两种变化方式，并以两种方式交替出现为主。最后，导致顶板岩层在垂直方向自下往上形成4种特征的岩层区域：垮落岩层区、裂隙贯通岩层区、有裂隙但未贯通岩层区和无裂隙岩层区（图4-12）。直接赋存于煤层之上的岩层裂隙经过产生、扩展、贯通并随工作面推进垮断冒落，堆积在煤层底板之上，形成典型的垮落岩层区。由于碎胀效应，垮落岩层区上方岩层的裂隙贯通并相互挤压接触，成为裂隙贯通岩层的力学支撑结构，此为裂隙贯通岩层区。其上方岩层之间由于回转、弯曲变形出现离层，而由于离层形成的层间自由空间小于其破断所

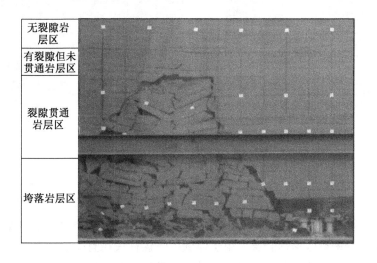

图4-12 煤层采出后岩层的垮落特征

需的变形空间时，岩层的完整性受到破坏，但仍具有宏观的连续性，称之为有裂隙但未贯通岩层区。在其之上的岩层仅有一些微略的弯曲变形，且整体具有较好的完整性和宏观连续性，即所谓的无裂隙岩层区。

由于空巷宽度不同，直接赋存于煤层之上的岩层裂隙经过产生、扩展、贯通在横向上呈不规律分布。实验中观测到，根据空巷宽度的不同岩层裂隙产生的位置也不同，分为两种情况：裂隙形成于工作面支架后方及裂隙形成于工作面煤壁前方（图4-13）。研究结果表明，顶板来压时基本顶断裂线有3种代表性的位置，分别为煤壁前方、煤壁上方和支架后方（控顶区切顶线处）。3种不同断裂位置取决于弹性基础特性参数，此处弹性基础是指由工作面煤壁前方煤体、控顶区支撑体系（包括支架、顶煤及直接顶）及采空区垮落岩石组成的支撑体系。影响断裂位置的主要因素如下：

（1）当煤层较松软或采高较大，弹性模量较小，有明显的煤壁片帮及天然裂隙发育时，基本顶断裂线极有可能处于煤壁前方；

（2）当煤层硬度系数、弹性模量较大而支护阻力较小时，煤壁相当于切顶线，基本顶断裂线将处于煤壁上方；

（3）当煤层硬度系数及弹性模量较大且支架的支护强度较高时，基本顶断裂线可能位于支架后方，即支架控顶区切顶线处。目前采用综合机械化开采时顶板的断裂位置大多属于该类型。

(a) 裂隙形成于工作面支架后方　　　　　(b) 裂隙形成于工作面煤壁前方

图4-13　煤层采出后顶板岩层裂隙形成的位置

由此可知，受残煤中遗留空巷的影响，当工作面与空巷之间的煤柱失稳时，弹性基础将发生明显的转变，其组成包括空巷前方处于弹塑性状态的煤体、控顶区支撑体系及采空区垮落岩层。由于煤壁前方煤柱失稳且受旧采采动影响，在空巷上方顶板必有裂隙存在，此时弹性基础力学模型与上述类型一极其相似，如图4-13b所示。由相似模拟结果可知，不同宽度的煤柱及空巷对顶板断裂位置的影响较大。下面分析煤柱及空巷对顶板破断规律的影响。

4.2.4 煤柱及空巷对采场围岩破断规律的影响

1. 复采工作面过煤柱围岩运移规律

实验结果表明，煤柱失稳是造成残煤复采采场岩层破断呈现不规律性的主要诱因，且空巷宽度的不同，对顶板断裂规律的影响程度也不同。由于空巷的存在，使得随着工作面的推进，工作面与空巷之间的煤柱宽度逐步变窄，而空巷形成的支承压力与工作面超前支承压力叠加作用到煤柱上，当煤柱宽度小于其临界宽度时出现片帮、压缩变形等矿压显现现象。旧巷的宽度决定煤柱的临界宽度，当旧巷宽度为 2.55 m 时，煤柱宽度为 2.3 m 时开始产生纵向及贯穿煤柱的横向裂隙，煤柱开始失稳，如图 4-14a 所示；当旧巷宽度为 6.6 m 时，煤柱宽度为 4.5 m 时开始产生纵向及贯穿煤柱的横向裂隙，煤柱开始失稳，如图 4-14b 所示；当旧巷宽度为 12 m 时，煤柱宽度为 7.5 m 时开始产生纵向及贯穿煤柱的横向裂隙，煤柱开始失稳，如图 4-14c 所示。当然煤柱的临界宽度受支架支护强度的影响较大，由于实验所采用的支架为增阻式支架，当煤柱受支承压力作用而被压缩变形时，支架开始承担大部分上覆岩层的载荷，这就造成了煤柱仍具有支承能力的假象。

(a)

(b)

(c)

图 4-14　煤柱失稳示意图

以工作面过12 m宽旧巷（冒顶区）为例：当上覆岩层载荷作用超过煤柱的承载能力，煤柱发生塑性破坏，上覆岩层载荷向前方煤体转移。基本顶上覆载荷逐步作用在空巷前方煤体上，上覆岩层的重量逐步由空巷前方进入塑性区煤体、支架及煤柱承担。

随着煤柱继续破坏，煤柱塑性变形加大，当煤柱宽度等于其临界宽度 W^* 时，基本顶及其上覆软弱岩层弯曲下沉，发生弯拉破坏，破坏出现在基本顶上位受拉部分的岩层，此时基本顶在上覆软弱岩层及自重的作用下发生回转，基本顶、直接顶及顶煤重量逐步由旧巷前方进入塑性区煤体、支架及煤柱承担，如图 4 – 15 所示。

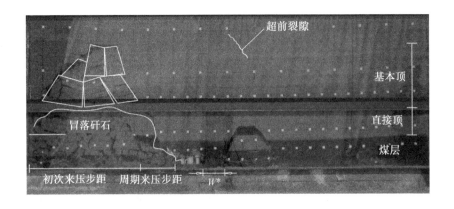

图 4 – 15   工作面距模型左侧边界 45 m 的围岩运移规律

随着煤柱塑性变形继续增加，当煤柱宽度小于其临界宽度时，即 $W < W^*$ 时，基本顶弯拉破坏裂隙向下发育，直至贯穿整个基本顶岩层，基本顶岩层完全破断。基本顶在上覆软弱岩层及自重的作用下回转，回转导致基本顶与其上位岩层发生离层。此时，基本顶上覆未破断岩层完全作用在空巷右侧煤体上，基本顶、直接顶及顶煤重量逐步由旧巷前方进入塑性区煤体、支架、煤柱及采空区冒矸共同承担，如图 4 – 16 所示。

当裂隙超前工作面距离较远时，随着超前断裂岩梁的回转、离层，上覆岩层悬臂迅速加长，当其长度大于该岩层破断长度，悬臂梁（基本顶）破断，基本顶逐渐发生回转。当上覆不同层位岩层的悬臂长度大于其破断长度时，该层位的岩层也发生回转、断裂，岩层的回转、断裂逐渐向上方的上覆岩层发育，直至岩层的悬臂长度小于破断长度。可以看出，这种超前破断岩块的长度、厚度均有增加，这便是复采工作面"超前大断裂"。随着煤柱逐渐失稳，上覆岩层的

图 4-16　工作面距模型左侧边界 48 m 的围岩运移规律

重量逐步由空巷前方进入塑性区煤体、支架及采空区冒矸承担。与回采实体煤相比，大断裂所控制的关键块长度、厚度大大增加，如图 4-17 所示。支架阻止关键块滑落失稳所需的工作阻力也急剧增大，这也是复采工作面垮架事故发生的根源。

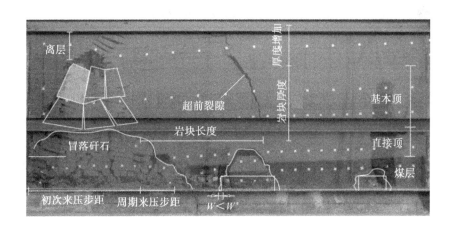

图 4-17　工作面距模型左侧边界 50.5 m 的围岩运移规律

2. 复采工作面过旧巷时围岩运移规律

（1）工作面过空巷时围岩运移特征。

由前所述，当旧巷宽度为 2.55 m 时，煤柱宽度为 2.3 m 时开始产生纵向及贯穿煤柱的横向裂隙，煤柱开始失稳。受工作面超前支承压力的影响，与工作面平行和斜交的空巷两帮均出现片帮，顶底板移近量增大（图4-18）。随着工作面继续向前推进，煤柱被完全开采后，支架前方的空顶距加大，但是由于旧采遗留空巷的断面较小且工作面推进距离较短（未达到初次断裂步距长度），工作面超前支承压力较小，巷道顶板完整性较好，未出现大面积的漏顶现象（图4-18）。由此可知，宽度较小的平行或小角度斜交于工作面的空巷对采场矿压显现的影响不明显，但仍旧出现了小范围的片帮及顶板离层垮落，这在实际生产过程中也是不允许的，因此，必须提前对空巷进行支护。

(a) 平行空巷　　　　　　　　　　(b) 斜交空巷

图4-18　工作面过空巷时围岩破坏情况

（2）工作面过空区时围岩运移特征。

由前所述，当工作面过空区时，煤柱宽度为4.5 m时开始产生纵向及贯穿煤柱的横向裂隙，煤柱开始失稳。受残煤复采工作面超前压力的影响，与工作面平行和斜交的空区两帮出现片帮且移近量开始增加，顶板出现离层并局部出现垮落，顶底板移近量增大（图4-19）。随着工作面继续向前推进，煤柱被完全开采后，由于旧采形成的空区宽度较大，支架前方的空顶距突然增加，工作面支架前方顶板进一步向上冒落。图4-20是利用窥视设备测得的空区两帮片帮及顶板垮落情况，由图可知，垮落的煤岩体块度较大，其基本充满了工作面支架前方的空顶区域。

由图4-19和图4-20可以看出，宽度较大的平行或小角度斜交于工作面的空区对采场支架稳定性影响较大。当工作面揭露空区时，支架前方将出现大范围的冒顶现象，此时极易引起支架上方的煤岩体受矿山压力的作用向支架前方垮落，造成支架不接顶，给复采工作面生产带来较大的安全隐患。因此，在实际生成过程中，应在空区内提前进行支护或采用充填处理，保证工作面不发生大面积冒顶、片帮现象。

(a) 平行空区   (b) 斜交空区

图 4-19　工作面过空区时围岩破坏情况

(a) 平行空区   (b) 斜交空区

图 4-20　工作面与空区贯通时破坏情况

    图 4-21 给出了工作面过空区Ⅰ和空区Ⅱ时采场上覆岩层的破断特征。由图分析可知，当工作面与空区Ⅰ之间的煤柱失稳或揭露空区Ⅰ时，采场顶板并未发生超前断裂，而是沿控顶区切顶线断裂，其主要原因是在工作面与空区之间的煤柱失稳前顶板初次断裂。当工作面继续推进并揭露空区时，由于顶板的悬顶长度未达到周期断裂步距，所以顶板未发生超前断裂；当工作面与空区Ⅱ之间的煤柱失稳时，由于顶板悬顶长度大于其周期断裂步距，由此形成了超前断裂。由此可以表明，残煤复采时顶板的断裂结构不但与空巷宽度有关，而且与工作面揭露空巷时顶板的悬顶长度有关，因此在研究残煤复采顶板断裂结构时应分析顶板悬顶长度对其断裂结构的影响。

    （3）工作面过冒顶区时采场围岩运移规律。

    图 4-22 分别示出工作面前方煤柱宽度为 12 m、6 m、3 m 和 0 m 时，采用平面应变相似模拟得出的顶板破坏及超前断裂的演化过程。

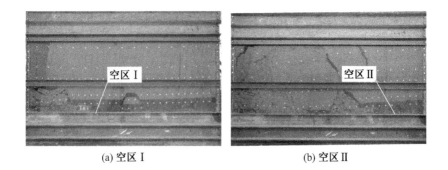

(a) 空区 I   (b) 空区 II

图 4 - 21   工作面过空区时上覆岩层破断特征

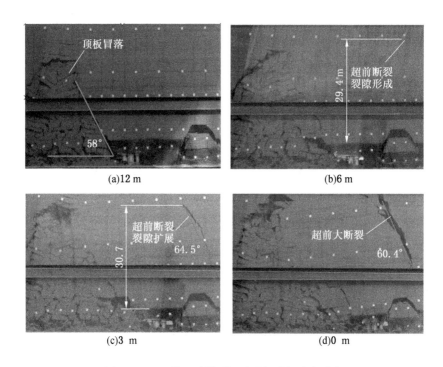

(a)12 m   (b)6 m

(c)3 m   (d)0 m

图 4 - 22   工作面过冒顶区时顶板破坏演化过程

图 4 - 22a 示出了顶板充分垮落的状态，工作面后方顶板的断裂角为 58°。当煤柱宽度为 6 m 时，如图 4 - 22b 所示，位于冒顶区上方的基本顶出现裂缝，裂缝形成的高度为 29.4 m。从图 4 - 22c 可以看出，当煤柱宽度为 3 m 时，工作面顶板超前裂缝进一步扩展，裂缝的高度为 30.7 m，断裂角为 64.5°，此时煤柱已

完全失稳，工作面前方顶板以冒顶区右侧煤壁为基点向下方旋转，空巷上方直接顶与基本顶屈服破坏范围完全贯通。工作面与冒顶区贯通时，工作面前方顶板进一步回转，此时断裂角为 60.4°，裂缝宽度达到了 2 m，此时顶板回转变形压力大部分由工作面液压支架及采空区冒矸承担。从图 4-22 可以看出，随着工作面的回采，冒顶区与工作面间煤柱的破坏是一个渐变的过程。煤柱的支撑力随着煤柱宽度的减小而降低，当煤柱宽度小于临界宽度时，煤柱开始失稳。工作面顶板形成悬臂梁结构，导致顶板形成超前断裂，同时对支架形成了冲击载荷，引起重大的顶板事故。

4.3 采场上覆岩层断裂结构及运动机理研究

残煤复采开采技术的关键之一就是采场围岩的控制技术，采场围岩能够采取有效、合理的控制是残煤复采能否正常进行的前提。因此，残煤复采必须考虑旧采遗留空巷引起的矿山压力显现及其传递影响，而现有的开采理论都是针对实体煤开采所建立的，对于残煤复采是不能完全适用的。矿山压力显现是在矿山压力的作用下引起的围岩运动，具体表现为围岩的明显运动及围岩应力的变化两个方面，因此，深入研究围岩的稳定条件，找到促使其破坏与运动的内因，以及由此引起的破坏、失稳形式，并依此为基础，提出具有针对性的围岩控制方案是实现残煤复采安全高效开采的基本保障。

残煤复采的主要特点是煤层及其上覆岩层受到旧式开采的采动损伤后形成不连续、多裂隙的赋存结构，该结构使得复采采场上覆岩层运动及围岩应力的分布特征与实体煤完全不同。由此可见，采场顶板岩层结构是残煤复采的重要理论研究对象，探讨残煤复采采场顶板岩层结构形式，确定其有效的控制方法，是实现残煤复采的必然要求。根据前面分析可知，影响残煤复采顶板断裂结构的主要是平行或小角度斜交于工作面的旧巷。因此，本节在三维立体和平面应变相似模拟实验研究的基础上，建立了残煤复采过平行空巷顶板岩层结构模型，并对影响顶板断裂结构的因素进行分析，为残煤复采提供理论基础。

4.3.1 残煤复采顶板岩层结构模型

当残煤复采开采后，其上覆岩层原有的应力平衡状态被打破。直接顶岩层断裂破碎失去宏观整体性而冒落，其碎胀效应使其成为基本顶的充填体，从而有效地减小了基本顶冒落及下沉，且受上部断裂岩层的冲击和挤压效应影响，使得直接顶冒矸被压缩形成具有较高承载能力的密实充填体，从而上覆岩梁断裂后具备了形成结构的可能性。残煤复采上覆顶板岩层具有以下特点：

（1）顶板岩层为软硬岩层组合结构，由于其刚度相差较大，软岩层把上部岩层重量及自重以均布载荷形式传递至下部坚硬岩层，并随坚硬岩层的运动而运动。

（2）由于旧式开采采动损伤后，顶板形成不连续或多裂隙的结构，残煤复采时坚硬岩层断裂岩块长度和厚度均不相同。随着工作面的推进，断裂岩块逐个回转、沉降后形成点或面接触的挤压结构，具有一定的自承能力。

（3）由于顶板断裂岩块所受的应力状态发生转变，而采空区冒矸受碎胀效应及挤压和冲击的程度不同，其密实程度也不同（离工作面越远，密实程度越高），这就造成近工作面垮落的顶板呈现一定的倾斜，从而促使各岩块之间产生巨大的推力，这就是各接触面的挤压力源。

（4）结构在垮落前可认为遵循块体理论。

结合三维立体和平面应变相似模拟实验结果，推断残煤复采采场上覆岩层可能形成不规则岩层块体传递岩梁结构，结构模型如图4-23所示。

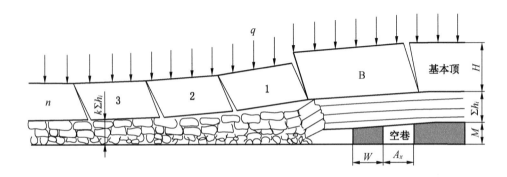

其中，H—断裂岩块的最大厚度，m；$\sum h_i$—直接顶冒落岩层厚度，h_i—第i层直接顶冒落岩层厚度，m；M—煤层厚度，m；k—冒落岩层的平均碎胀系数 $\left(k = \sum^{n} k_i h_i / \sum^{n} h_i \right)$，$k_i$—第$i$层冒落岩层碎胀系数；$W$—复采工作面与前方空巷间的煤柱宽度，m；$A_x$—复采工作面前方空巷宽度，m；$q$—不规则岩层块体传递梁—半拱结构中断裂块体单位长度的重量加上其上岩层施加的单位长度的载荷，MPa

图4-23　残煤复采采场覆岩不规则岩层块体传递岩梁结构模型

4.3.2 "关键块"的破断及失稳机理

残煤复采采场上覆岩层断裂结构及运动机理研究的重点是不规则岩层块体传递岩梁结构中"关键块"B的破断及失稳机理。当横跨煤柱贯穿整个工作面时，块体B可视为一边固支一边简支的悬臂梁结构，而当横跨煤柱未贯穿整个工作面时，块体B前端由实体煤支承，两侧也为实体煤，可视为三边固支一边简支的弹性薄板结构。

1. "关键块"破断位置的确定

1）悬臂梁结构断裂位置的确定

当横跨煤柱贯穿整个工作面，即与工作面平行的空巷贯穿整个工作面时，顶板"关键块"B 的力学模型如图 4 – 24 所示。假定煤柱失稳后，该力学模型中的铰接岩梁由已断裂的块体 A 及可看成是处于悬臂梁受力状态的关键块 B 组成。如果不考虑岩梁的挠曲，则块体 B 所受的结构力包括：

（1）块体 B 的自重：$G_2 = \gamma H L_2$；

（2）块体 A 通过铰接点 M 的推力 P 及相应的摩擦力 $F = Pf$；

（3）将铰接点 M 的偏心力 P 移至岩梁中心$\left(\dfrac{H}{2}处 \right)$所产生的附加力偶矩：$M_P = \dfrac{H}{2}P$。

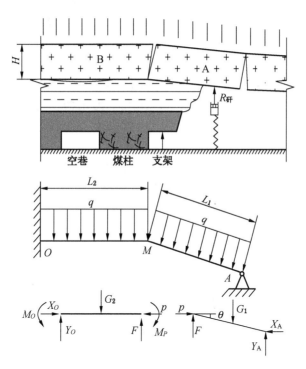

图 4 – 24 顶板力学模型及受力

根据图 4 – 24 所示铰接岩梁中块体 A 的平衡条件，令：

$$\sum M_A = 0$$

则 $G_1 \dfrac{L_1}{2}\cos\theta = PL_1\sin\theta + FL_1\cos\theta$，即

$$2P\tan\theta + 2F = G_1 \qquad (4 – 3)$$

在极限条件下，将 $F = Pf$ 代入式（4-3）得：

$$P = \frac{G_1}{2f + 2\tan\theta} \qquad F = Pf = \frac{fG_1}{2f + 2\tan\theta}$$

式中　f——摩擦系数；

　　　G_1——块体 A 的自重，$G_1 = \gamma HL_1$

一般情况下 L_1 远大于岩梁的沉降值，因此当 $\tan\theta = \sin\theta = \dfrac{S_A}{L_1} \approx 0$ 时，P 和 F 可以简化为：

$$P = \frac{G_1}{2f} = \frac{\gamma HL_1}{2f} \qquad F = \frac{G_1}{2} = \frac{\gamma HL_1}{2}$$

由材料力学相关知识可知，在均布载荷作用下的块体 B 悬臂梁结构最大弯矩位于其固支端，由此可知块体 B 在上述结构力的作用下从固支端 O 处断裂，其力学条件为：

$$\sigma = [\sigma]$$

σ 为固支端断裂处的实际拉应力，其大小为结构中各作用于该处应力之差，即：

$$\sigma = \sigma_1 - \sigma_2$$

式中　σ_1——力系在 O 点产生的拉应力；

　　　σ_2——力系在 O 点产生的压应力。

σ_1 是由岩梁弯曲产生，故有：

$$\sigma_1 = \frac{M_O}{W_O} \tag{4-4}$$

式中，M_O 为块体 B 固支端 O 处的弯矩，具体为：

$$M_O = \frac{G_2 L_2}{2} + FL_2 + P\frac{H}{2} = \frac{\gamma HL_2^2}{2} + \frac{\gamma HL_1 L_2}{2} + \frac{\gamma HL_1}{4f} \tag{4-5}$$

$$W_O = \frac{H^2}{6} \tag{4-6}$$

将式（4-5）和式（4-6）代入式（4-4）得：

$$\sigma_1 = \frac{3\gamma L_2^2}{H} + \frac{3\gamma L_1 L_2}{H} + \frac{3\gamma L_1}{2f}$$

σ_2 由块体 A 施加的挤压力 P 造成，改值为：$\sigma_2 = \dfrac{P}{H} = \dfrac{\gamma L_1}{2f}$。

因此，块体 B 的固支端 O 点的实际拉应力为：

$$\sigma = \sigma_1 - \sigma_2 = \frac{3\gamma L_2^2}{H} + \frac{3\gamma L_1 L_2}{H} + \frac{\gamma L_1}{f} \tag{4-7}$$

研究认为，P 对 O 点的压应力与移动该力至岩梁中部后附加力偶矩产生的拉应力相抵消，并不影响计算结果，因此，式（4－7）可以简化为

$$\sigma = \frac{3\gamma(L_2^2 + L_1 L_2)}{H} \qquad (4-8)$$

由此可知，当 $\sigma \geqslant [\sigma]$ 时，块体 B 将沿固支端 O 处断裂，从而形成超前断裂。由式（4－8）及假定煤柱失稳可知，块体 B 的断裂与煤柱的临界宽度、块体 B 的长度（包括空巷宽度、煤柱临界宽度和煤壁后方悬顶长度）有关，因此需进一步分析上述因素对块体 B 断裂的影响。

2）弹性薄板结构断裂位置的确定

当横跨煤柱未贯穿整个工作面，即与工作面平行的空巷未贯穿整个工作面时，顶板"关键块" B 的力学模型如图 4－25 所示。ON 为空巷长度；A_x 为空巷宽度，顶板由空巷前方实体煤支承，视为固定边界；两侧 OL、NM 顶板由实体煤支承，视为固定边界；$HLCM$ 为工作面与空巷之间的煤柱；ML 为采空区悬板，视为作用有分布剪应力 V_x 和弯矩 M_x 的边界。顶板受均布载荷 q 的作用，当煤柱宽度 W 小于其临界宽度 W^* 时，煤柱失稳，此时顶板边界条件为：

$$\omega\,\big|_{x=0} = 0 \qquad \frac{\partial \omega}{\partial x}\bigg|_{x=0} = 0$$

$$-D\left(\frac{\partial^2 \omega}{\partial^2 x^2} + \mu \frac{\partial^2 \omega}{\partial y^2}\right)_{x=a} = M_x \quad -D\left[\frac{\partial^3 \omega}{\partial x^3} + (2-\mu)\frac{\partial^3 \omega}{\partial x \partial y^2}\right]_{x=a} = V_x$$

$$\omega\,\big|_{y=0} = 0 \quad \frac{\partial \omega}{\partial y}\bigg|_{y=0} = 0 \quad \omega\,\big|_{y=b} = 0 \quad \frac{\partial \omega}{\partial y}\bigg|_{y=b} = 0$$

式中，$D = \dfrac{EH^3}{12(1-\mu^2)}$；$\mu$ 为顶板岩层的泊松比。

选取挠曲面方程：

$$\omega = A\left(1 - \cos\frac{\pi x}{2a}\right)\left(1 - \cos\frac{2\pi y}{b}\right) \qquad (4-9)$$

同时，当 $\dfrac{\partial I}{\partial A} = 0$ 时，式（4－9）中的系数 A 与 ω 满足等式：

$$I = \iint \left\{ \frac{D}{2}\left\{ \left(\frac{\partial^2 \omega}{\partial x^2} + \frac{\partial^2 \omega}{\partial y^2}\right)^2 - 2(1-\mu)\left[\frac{\partial^2 \omega}{\partial x^2}\frac{\partial^2 \omega}{\partial y^2} - \left(\frac{\partial^2 \omega}{\partial x \partial y}\right)^2\right]\right\} - q\omega \right\} \mathrm{d}x\mathrm{d}y$$

$$(4-10)$$

令 $\dfrac{\partial I}{\partial A} = 0$，联立式（4－9）和式（4－10）可求得系数 A。

以发生弯曲变形前板的中间面作为 xy 坐标面，z 轴垂直向下（图 4－25）。

弹性薄板弯曲的理论是建立在以下两个假设上的：

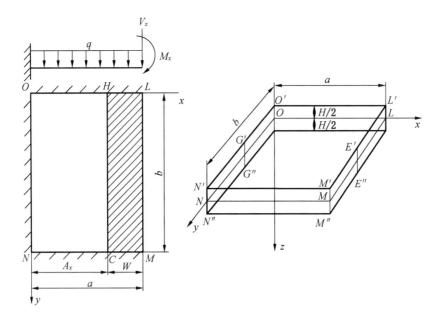

图 4-25　块体 B 断裂前的力学模型

（1）在板变形前，原来垂直于板中间面的线段，在板变形以后，仍垂直于微弯了的中间面。

（2）作用于与中间面相平行的诸截面内的正应力 σ_z，与横截面内的应力 σ_x，σ_y，τ_{xy} 等相比为很小，故可以忽略不计。

由第二个假设，从胡克定律得到：

$$\begin{cases} \sigma_x = -\dfrac{Ez}{1-\mu^2}\left[\dfrac{\partial^2 \omega}{\partial x^2} + \mu\dfrac{\partial^2 \omega}{\partial y^2}\right] \\[2mm] \sigma_y = -\dfrac{Ez}{1-\mu^2}\left[\dfrac{\partial^2 \omega}{\partial y^2} + \mu\dfrac{\partial^2 \omega}{\partial x^2}\right] \\[2mm] \tau_{xy} = -2Gz\dfrac{\partial^2 \omega}{\partial x \partial y} \end{cases} \tag{4-11}$$

将式（4-9）代入式（4-11）可得：

$$\sigma_x = -\frac{EzA}{1-\mu^2}\left(\frac{\pi}{2a}\right)^2 \cdot \left[\cos\frac{\pi x}{2a} \cdot \left(1-\cos\frac{2\pi y}{b}\right) + \mu\left(\frac{4a}{b}\right)^2\left(1-\cos\frac{\pi x}{2a}\right)\cos\frac{2\pi y}{b}\right]$$

$$\sigma_y = -\frac{EzA}{1-\mu^2}\left(\frac{2\pi}{b}\right)^2 \cdot \left[\left(1-\cos\frac{\pi x}{2a}\right) \cdot \cos\frac{2\pi y}{b} + \mu\left(\frac{b}{4a}\right)^2 \cdot \cos\frac{\pi x}{2a} \cdot \left(1-\cos\frac{2\pi y}{b}\right)\right]$$

$$\tau_{xy} = -\frac{EzA}{1+\mu} \cdot \frac{\pi^2}{ab} \sin\frac{\pi x}{2a} \cdot \sin\frac{2\pi y}{b}$$

由此可知，当 $x=0$，$z=\frac{-H}{2}$ 时：

$$\sigma_x = \frac{EAh}{8(1-\mu^2)} \cdot \left(\frac{\pi}{a}\right)^2 \cdot \left(1 - \cos\frac{2\pi y}{b}\right)$$

$$\sigma_y = \frac{EA\mu h}{8(1-\mu^2)} \cdot \left(\frac{\pi}{a}\right)^2 \cdot \left(1 - \cos\frac{2\pi y}{b}\right)$$

$$\tau_{xy} = 0$$

当 $y=0$ 或 $y=b$，$z=\frac{-H}{2}$ 时：

$$\sigma_x = \frac{2EA\mu h}{1-\mu^2} \cdot \left(\frac{\pi}{b}\right)^2 \cdot \left(1 - \cos\frac{\pi x}{2a}\right)$$

$$\sigma_y = \frac{2EAh}{1-\mu^2} \cdot \left(\frac{\pi}{b}\right)^2 \cdot \left(1 - \cos\frac{\pi x}{2a}\right)$$

$$\tau_{xy} = 0$$

可知，在 $x=0$ 的边界上，当 $y=\frac{b}{2}$，$z=\frac{-H}{2}$ 时主应力为最大值：

$$(\sigma_x)_{max} = \frac{EAh}{1-\mu^2} \cdot \left(\frac{\pi}{2a}\right)^2 \qquad (4-12)$$

$$(\sigma_y)_{max} = \frac{EA\mu h}{1-\mu^2} \cdot \left(\frac{\pi}{2a}\right)^2 \qquad (4-13)$$

在 $y=0$ 或 $y=b$ 的边界上，当 $x=a$，$z=\frac{-H}{2}$ 时有：

$$(\sigma_x)_{max} = \frac{2EA\mu h}{1-\mu^2} \cdot \left(\frac{\pi}{b}\right)^2 \qquad (4-14)$$

$$(\sigma_y)_{max} = \frac{2EAh}{1-\mu^2} \cdot \left(\frac{\pi}{b}\right)^2 \qquad (4-15)$$

由式（4-12）~式（4-15）可知，在 $x=0$ 边界上的最大正应力值在边界中部 $y=\frac{b}{2}$ 处；在 $y=0$ 或 $y=b$ 边界上的最大正应力值在边界端部 $x=a$ 处。且有式（4-15）与式（4-12）的比值为 $8\left(\frac{a}{b}\right)^2$。

由此可知，当横跨煤柱未贯穿整个工作面且煤柱失稳时，顶板首先在点 $L'\left(a,\ o,\ \frac{-H}{2}\right)$ 和点 $M'\left(a,\ b,\ \frac{-H}{2}\right)$ 处断裂。当 L' 和 M' 处断裂后，顶板的结构

转化为悬臂梁结构，此时点 $G'\left(0, \dfrac{b}{2}, \dfrac{-H}{2}\right)$ 处首先发生断裂，即出现超前断裂。

2. "关键块"失稳机理

根据对残煤复采顶板"关键块"断裂位置的研究可知，当煤柱失稳时，顶板将出现超前断裂，由此建立了基于残煤复采过平行及小角度斜交空巷时基本顶力学模型，如图 4-26 所示。块体 B 发生断裂后，其受力状态如图 4-27 所示。当工作面揭露空巷或煤柱失稳时，此时 $b=0$ 或 $b=W^*$。按 $b=0$ 进行分析可知，块体 B 所受的水平推力 T_E、T_H，垂直剪力 Q_E、Q_H，矸石的支撑力 F_d，直接顶对块体 B 的作用力 F_0，上覆岩层施加于块体 B 的载荷 q 及块体 B 的自重 F_{zj} 对其旋转轴 EF 所产生的力矩分别为

$$\begin{cases} M_{T_H} = T_H(h - e - L_2\sin\theta) \\ M_{Q_H} = Q_H\big[L_2\cos\theta - (h - e - L_2\sin\theta)\sin\theta\big] \\ M_{F_d} = \displaystyle\int_{a_0}^{L_2\cos\theta} K_G g_x L_1 x \mathrm{d}x \\ M_{F_O} = F_O\left(a + \dfrac{c}{2}\right) \\ M_{q+zj} = \dfrac{qkL_1L_2^2}{2} + \dfrac{\gamma k h_z L_1 L_2^2}{2} \\ M_{T_E} = M_{Q_E} = 0 \end{cases} \tag{4-16}$$

以块体 B 为研究对象，由受力平衡分析得：

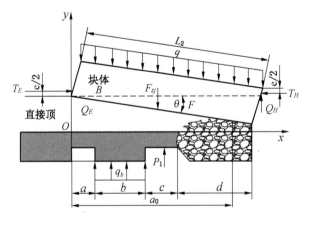

图 4-26　基本顶力学模型

114

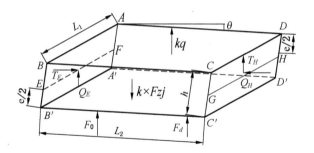

图 4-27 块体 B 的受力状态

$$\begin{cases} \sum F_x = 0 \\ \sum F_y = 0 \\ \sum M_{EF} = 0 \end{cases} \qquad (4-17)$$

式中 L_1、L_2 为沿工作面倾斜方向和推进方向顶板的断裂长度，可以根据式（4-18）和式（4-19）计算得到；e 为块体 B 与 A、C 的铰接点位置，可由式（4-20）得出；块体 B 所受的水平推力 T_H，空区内落矸的压缩量 g_x 和直接顶对块体 B 的作用力 F_0 可以分别根据式（4-21）、式（4-22）和式（4-23）计算获得，具体计算公式如下：

$$L_1 = \frac{2L_2}{17} \left[\sqrt{\left(10\frac{L_2}{s}\right)^2 + 102} - 10\frac{L_2}{s} \right] \qquad (4-18)$$

$$L_2 = h\sqrt{\frac{R_t}{3q}} \qquad (4-19)$$

$$e = (h - L_2\sin\theta)/2 \qquad (4-20)$$

$$T_H = \frac{L_2(qL_1L_2 + \gamma hL_1L_2)}{2(h - L_2\sin\theta)} \qquad (4-21)$$

$$g_x = x\tan\theta + \frac{\gamma H_0}{K_C} - \left[M - M(1-\eta)K_d - h_z(K_z - 1) \right] \qquad (4-22)$$

$$F_0 = \frac{P_1(2a+c)}{a+c} + \frac{\sigma_t h_z^2}{3} - (a+c)\gamma h_z L_1 \qquad (4-23)$$

根据以上各式，可以求得：

$$T_E = \frac{L_2(qL_1L_2 + \gamma hL_1L_2)}{2(h - L_2\sin\theta)} \qquad (4-24)$$

$$Q_E = \frac{L_1 L_2^2 (q + \gamma h)(2k - 1) - 2F_0 (a + c) - 4M_{F_d}}{4L_2 \cos\theta - 2(h - L_2 \sin\theta)\sin\theta} + kL_1 L_2 (q + \gamma h) - F_0 - F_d$$

$$(4 - 25)$$

若取 $b = W^*$ 时，式（4-16）~式（4-25）中的 $a = a + W^*$。

式中：$F_d = \int_{a_0}^{L_2 \cos\theta} K_G g_x L_1 dx$；$q$ 为上覆软弱岩层载荷，MPa；s 为工作面长度，m；R_t 为基本顶抗拉强度，MPa；θ 为块体 B 向采空区方向的倾斜角度，（°）；γ 为直接顶上覆岩层平均容重，MN/m³；H_0 为直接顶上覆岩层厚度，m；M 为煤层厚度，m；η 为工作面煤炭采出率；K_d、K_z 分别为煤和直接顶的碎胀系数；h_z 为直接顶厚度，m；K_c 为冒落矸石的支撑系数，MPa/m；a、c 分别为空巷宽度、工作面控顶距，m；σ_t 为直接顶抗拉强度，MPa；P_1 为支架工作阻力，MN；k 为工作面超前采动应力集中系数；h 为块体 B 的厚度，m；W^* 为煤柱临界宽度，m。

顶板断裂后失稳的形式主要包括滑落失稳和回转失稳，块体 B 发生滑落失稳的条件为

$$T_E \tan\varphi \leqslant Q_E \qquad (4 - 26)$$

式中 $\tan\varphi$——块体间的摩擦因数，一般取 0.2。

块体 B 发生回转变形失稳的条件为

$$\frac{T_E}{L_1 e} \geqslant \Delta \sigma_c \qquad (4 - 27)$$

式中 $T_E / L_1 e$——块体接触面上的平均挤压应力，MPa；

Δ——因块体在转角处的特殊受力条件而取的系数，取 0.45；

σ_c——块体的抗压强度，MPa。

将式（4-24）代入式（4-27），可以得到块体 B 发生回转变形失稳的条件为

$$\frac{L_2 (qL_1 L_2) + \gamma h L_1 L_2}{L_1 (h - L_2 \sin\theta)^2} \geqslant \Delta \sigma_c \qquad (4 - 28)$$

由此可知，残煤复采采场围岩控制的重点是既要防止块体 B 发生滑落失稳，也要防止发生回转失稳。由相似模拟结果可知，未对空巷处理时，要想阻止块体 B 出现失稳，需要支架提供超过 25000 kN 的工作阻力，这几乎是不可实现的，这也是需要对空巷进行采前处置的主要原因。

4.3.3 影响顶板断裂结构的主要因素

根据研究结果可知，在煤层力学参数、煤层埋深等开采技术条件确定的情况下，复采工作面关键块 B 的断裂与煤柱的临界宽度、块体 B 的长度（包括空巷

宽度、煤柱临界宽度和煤壁后方悬顶长度）有关。由此我们必须分析，当空巷宽度为多少时块体 B 将沿其固支端发生断裂，此时要求煤壁后方的悬顶长度为多少，且在该条件下煤柱的失稳临界宽度为多少。由此根据长壁复采工作面顶板结构力学模型对引起顶板断裂各影响因素进行分析。

1. 煤柱对基本顶关键块断裂影响分析

对于空巷和复采工作面之间煤柱稳定性进行分析研究具有重要意义，首先，确定煤柱保持稳定的最小尺寸对复采采场围岩及时采取加强支护具有指导意义，其次，煤柱稳定性是进行残煤复采工作面过空巷时矿压规律分析的关键影响因素之一。随着工作面推进造成煤柱支承压力增加，当煤柱上的支承压力升高并超过其极限应力，煤柱开始失稳。

1）煤柱宽度大于临界宽度

当煤柱宽度 W 大于临界宽度 W^* 时，支承应力形成"马鞍型"应力分布（图 4 - 28）。由于煤柱两侧开挖空间尺寸的不对称性，支承应力分布形态为不对称"马鞍型"。其中，采场侧支承应力分布范围较空巷侧大，两峰值均小于或等于煤柱强度，继续回采煤柱，峰值向中心发展。

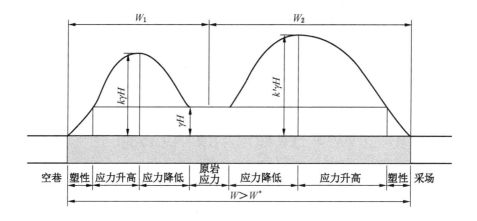

图 4 - 28　煤柱"马鞍型"应力分布

当煤柱宽度大于临界宽度时，煤柱仍是弹性体，即煤柱弹性模量 $E = \infty$、顶板下沉量 $\Delta Y = 0$，工作面顶板可简化为悬臂梁结构，空巷顶板可以简化为两端固支梁结构，如图 4 - 29a 所示。

煤柱尺寸足够大时，煤柱支承性能较好，基本顶不会发生超前断裂，此时支架支护强度按回采实体煤时支架支护阻力进行计算。

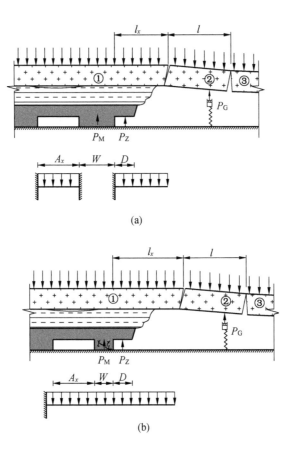

图 4 - 29 煤柱尺寸对基本顶超前断裂的影响

2）煤柱宽度等于临界宽度

随着煤柱被回采，当煤柱宽度 W 等于临界宽度 W^* 时，支承应力叠加，由于煤柱两侧开挖空间尺寸的不对称性，复采工作面前方煤柱内会形成不对称"平台型"应力分布（图 4 - 30），其中煤柱核区应力最大，最大应力等于煤柱极限强度。

当煤柱尺寸随回采变小时，煤柱逐渐进入弹性阶段，即 $E = E_0$、$\Delta Y = \Delta Y_{\min}$，根据煤柱的静载荷集度等于煤柱强度，其中煤柱强度按 Bieniawski 煤柱强度计算公式进行计算，可得煤柱临界宽度计算公式：

$$\rho \cdot g \cdot H\left(1 + \frac{B}{W^*}\right) = 0.2357\sigma_c\left(0.64 + 0.36\frac{W^*}{M}\right) \tag{4 - 29}$$

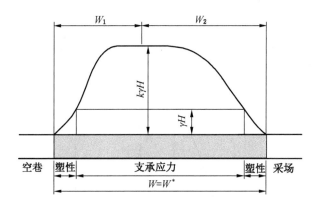

图 4 - 30 煤柱"平台型"应力分布

式中 W^*——煤柱临界宽度，m；

ρ——覆岩平均视密度，kg/m³；

H——平均采深，m；

σ_c——煤层实验室标准试件单抽抗压强度，MPa；

g——重力加速度，$g = 9.8$ N/kg；

M——采高；

B——煤柱承载覆岩宽度，m。

此时，煤体除了要承担一半的空巷覆岩重量，还要承担一部分的采场基本顶结构及其覆岩重量，因此：

$$B = \frac{A_x}{2} + kl_x \qquad (4-30)$$

式中，A_x 为空巷跨度；l_x 为复采工作面与周期断裂线距离；k 为煤体载荷集度系数，表示采场支承压力峰值和原岩应力的比值，$k = 1.5 \sim 5$。

将式（4 - 30）代入式（4 - 29）可得：

$$\rho \cdot g \cdot H \left(1 + \frac{A_x + 2kl_x}{2W^*}\right) = 0.2357\sigma_C \left(0.64 + 0.36\frac{W^*}{M}\right) \qquad (4-31)$$

解得：

$$W^* = \frac{-b + \sqrt{b^2 - 4ac}}{2a} \qquad (4-32)$$

式中：$a = \dfrac{0.085\sigma_c}{M}$；$b = -\left(\dfrac{\rho g H}{2} - 0.15\sigma_c\right)$；$c = -\rho g H\left(\dfrac{A_x}{2} + kl_x\right)$。

3）煤柱宽度小于临界宽度

煤柱继续被回采，煤柱宽度 W 小于临界宽度 W^*。两侧支承压力区相互叠加，煤柱核区支承压力增大，核区支承压力大于煤柱极限强度，煤柱失稳。应力分布形态为不对称"孤峰型"，如图 4 – 31 所示。

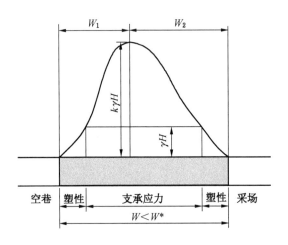

图 4 –31　煤柱"孤峰型"应力分布

如图 4 – 29b，当煤柱宽度 W 小于临界宽度 W^* 时，进入塑性破坏阶段，煤柱强度降低，此时煤柱弹性模量 $E < E_0$，顶板下沉量 $\Delta Y = \Delta Y_{max}$。煤柱进入塑性破坏阶段后，在覆岩的作用下失稳，工作面顶板力学模型可简化为悬臂梁结构，悬臂梁的长度为空巷宽度、煤柱宽度、复采工作面与周期断裂线距离之和。

随着工作面推进，在基本顶初次来压以后，裂隙带岩层形成的结构将经历工作面顶板周期来压。如果悬臂梁长度大于周期来压步距，则基本顶发生超前断裂。因此，下面对煤柱失稳条件下复采工作面与周期断裂线距离、空巷宽度对基本顶超前断裂影响进行分析。

2. 基本顶悬顶长度对超前断裂影响分析

由前述可知，当煤体宽度 W 随回采小于临界宽度 W^* 时，基本顶可视为悬臂梁结构。

如图 4 – 32 所示，在将基本顶简化成悬臂梁后，当基本顶悬臂长度 L_x 大于周期来压步距 l 时，即 $L_x = l_x + W + A_x > l$，基本顶悬臂梁折断。由前面分析可知，基本顶悬臂梁结构的断裂位置在基本顶悬臂梁固支端。

由 $L_x = l_x + W + A_x$ 可知，当复采工作面与周期断裂线距离、煤柱宽度之和大

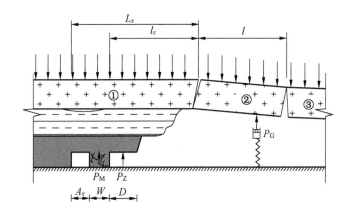

图 4 - 32　基本顶断裂线位置对基本顶超前断裂的影响

于周期来压步距 l，即 $l_x + W > l$ 时，必然有：

$$L_x = l_x + W + A_x > l \tag{4-33}$$

而此时的煤柱宽度 W 是与 l_x、A_x 均无关的常数，$0 < W < W^*$。由式（4 - 33）可以看出，当 l_x 足够大时，即便空巷跨度 A_x 较小，基本顶也会发生超前断裂。基本顶发生断裂后，工作面来压步距等于基本顶悬臂长度 L_x，此时工作面来压步距大于回采实体煤时周期来压步距 l，来压强度大于回采实体煤时周期来压强度。当然，复采面与周期断裂线间距 l_x 不会无限大，当 $l_x > l$ 时，基本顶会在煤柱达到临界宽度前断裂，由此可知 $0 \leqslant l_x \leqslant l$。

由于空巷位置的随机性，复采面过平行空巷不是一定会遇到 l_x 较大的状况，但是这种状态说明了一种可能，即空巷宽度较小时也可能出现基本顶超前断裂。由此可以看出，复采工作面与上次来压基本顶断裂线距离 l_x 是影响复采工作面超前断裂的主要影响因素之一。

3. 空巷宽度对基本顶超前断裂影响分析

随着工作面的推进，当煤柱宽度 W 小于其临界宽度 W^* 时，煤柱失稳，基本顶处于悬臂梁状态。由于失去煤柱支撑力，基本顶梁结构的悬臂长度增加，剪切力和弯矩增大，若空巷宽度足够大，复采面基本顶可能会出现超前断裂。

由前述可知，当基本顶悬臂梁长度 L_x 大于等于周期来压步距 l，即 $L_x = l_x + W + A_x \geqslant l$，基本顶悬臂梁折断，断裂位置在基本顶固支端。

因此，此时空巷宽度 A_x：

$$A_x \geqslant l - l_x - W^* \tag{4-34}$$

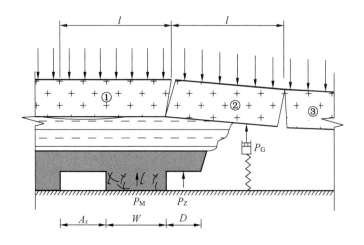

图 4 – 33　空巷宽度对基本顶超前断裂的影响

按照超前断裂受复采面与周期断裂线距离影响最小且基本顶悬臂梁刚好达到一个周期来压步距考虑，即 $l_x = 0$ 且 $L_x = l$，可以得到基本顶超前断裂的充分条件。

如图 4 – 33 所示，当 $l_x = 0$ 且 $L_x = l$ 时：

$$l = A_0 + W^* \tag{4 – 35}$$

因此：

$$W^* = l - A_0 \tag{4 – 36}$$

$$B = \frac{A_0}{2} \tag{4 – 37}$$

将式（4 – 36）、式（4 – 37）代入得式（4 – 29）中得：

$$\rho \cdot g \cdot H \left(1 + \frac{A_0}{2(l - A_0)} \right) = 0.2357 \sigma_c \left(0.64 + 0.36 \frac{l - A_0}{M} \right) \tag{4 – 38}$$

解得：

$$A_0 = l - \frac{-b + \sqrt{b^2 - 4ac}}{2a} \tag{4 – 39}$$

式中，$a = \dfrac{0.085 \sigma_c}{M}$；$b = -\left(\dfrac{\rho \cdot g \cdot H}{2} - 0.15 \sigma_c \right)$；$c = -\dfrac{\rho \cdot g \cdot H \cdot l}{2}$，$A_0$ 为空巷临界宽度；l 为基本顶周期来压步距，根据煤层综放工作面顶板来压计算所确定的初始参数，应用 RST 采场矿压分析软件可计算；W^* 为煤柱临界宽度。当 $A_x \geq A_0$ 时，无论复采工作面与周期断裂线距离是多少，随着煤柱的回采，基本顶必然会产生超前断裂。

理论上讲，空巷宽度即使再小也可能发生超前断裂。这是因为只要有空巷的存在，煤柱与前方实体煤失去相互水平作用力，煤柱必然会有失稳的状态。

4.4 复采工作面上覆岩层移动变形规律

4.4.1 位移测点的布置及测量方法

三维立体和平面应变相似模拟各有利弊：平面应变模型能够直观地测量采场上覆岩层的运移规律，而三维模拟能够更真实地反映采场内部上覆岩层的移动规律及支承压力分布规律，因此本节采用平面相似模拟和三维相似模拟相结合的方式进行分析。

1. 表面位移测试系统

1）测点布置

平面应变模型较三维相似模拟模型而言，表面岩层的破断、位移特征更加能够真实地反映残煤复采场顶板的运移特征，因此本次研究采用平面应变模型设置的表面位移测试系统进行测试。为了测定回采过程中上覆顶板岩层运移规律，装设平面应变模拟实验台时，在实验台一侧设有机玻璃板。采用数码相机对模型表面位移进行测量。利用绘图软件直接绘出顶板上覆岩层变形过程及变形规律。平面应变柔性加载实验装置设有机玻璃一侧横向布置 5 条侧线，纵向向布置 29 条侧线，共 117 个测点，如图 4 – 34 所示。

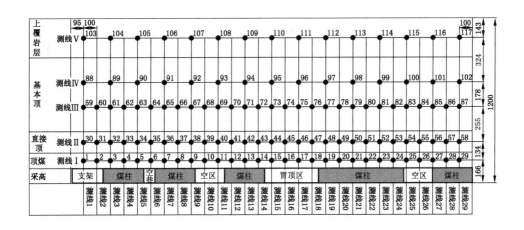

图 4 – 34　平面相似模拟位移测点布置图

2）测量方法

采用单反相机拍照，结合电脑软件进行数据处理。该观测方法能在短时间内对所有的视窗进行拍照，及时记录各窗口岩层的位移变化情况，所需的时间短，观测范围大，并且操作简单。缺点是不能连续不间断地进行观测，数据处理工作量大。对于用本节所讲的拍照法进行数据处理时的误差分析，对同一个视窗在不变焦距的情况下连续拍照两次，加载的压力不变，在两次拍照期间没有采动影响。即在实际的情况下各观测点之间是不存在位移变化的，然后将这两张相片在同一坐标系中处理，所得的各观测点之间的位移差值就是数据处理的误差。

具体数据处理方法如下：①将相片与实际模型尺寸以1:1的比例插入Auto-cad软件，使照片基准点位于坐标原点；②读出工作面推进至某一位置处的照片上测点坐标并记录，保证照片比例相同、参照的坐标原点相同；③将所有测点坐标值处理，取未开采时照片测点坐标为初始值，所有测点坐标与初始值做差得到相对坐标值，最终求出绝对位移；④将各测点绝对位移在同一坐标系中生成曲线，在各个过程中需要注意减小误差，尽量使位移精确。

2. 内部位移测试系统

由于三维相似模拟实验对于内部岩层离层、垮落等破坏无法直观观测到，为了能够监测顶板岩层的离层情况，三维实验采用百分表配合自行车闸线来监测顶板离层情况，内部位移测点布置如图4-35和图4-36所示。

4.4.2 工作面过平行空巷上覆岩层移动变形规律

1. 平面应变相似模拟研究结果

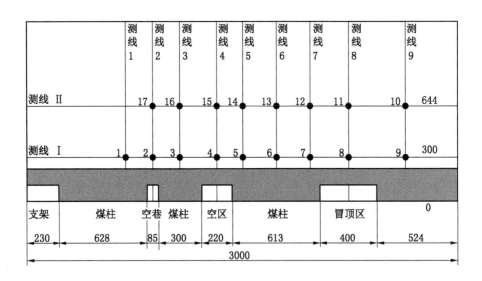

图4-35 平行空巷区域位移测点布置图

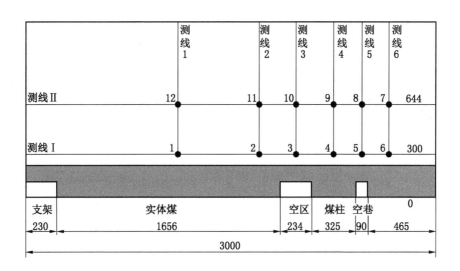

图 4 - 36　实体煤及斜交空巷区域位移测点布置图

图 4 - 37 ～ 图 4 - 41 所示为平面模拟实验横向位移测线 I ～ V 随残煤复采工作面推进时各测点的移动距离变化曲线。从图中可以看出，在旧采开采后，旧采形成的空巷及空区顶煤及直接顶均未垮落，而宽度为 12.0 m 的冒顶区顶煤及部分直接顶垮落。当采空区顶板充分垮落并充满采空区后，不论是工作面过空巷还是过空区，同一岩层的最终移动量各点位基本相近，高位岩层由于回转失稳，其各测点的移动量较低位岩层各点位的移动量大，这与整装实体煤开采基本相同。随着工作面的推进，各岩层上各测点移动量逐渐增大，并且随工作面的逐步推进增加至最大值，采空区顶板岩层形成明显的移动变形盆地，且沿工作面的推进方向不断延伸扩展。破断的岩层块体周期性的回转与失稳形成岩层块体铰接结构垮落至采空区内，并随工作面的推进不断地重复"岩层开裂—岩层破断—块体回转—下沉挤压—结构形成"的循环过程。因此，残煤复采上覆岩层移动变形规律从宏观上分析，其与实体煤开采基本相同。根据前面章节分析可知，空巷的存在使得顶板断裂特征发生了改变，由此引起的上覆岩层移动变形规律在局部范围内存在移动变形突变以及变形量较大的现象。

由图 4 - 37 ～ 图 4 - 39 可知，残煤复采工作面推进至 17.6 m 时，顶煤已垮，直接顶出现明显的弯曲变形；当工作面推进至 27.3 m 时，直接顶完全垮落，其最大移动距离为 2.8 m；当工作面推进至 33.2 m 时，基本顶初次断裂，其最大移动距离为 2.7 m，此时垮落的顶煤与直接顶的移动量进一步增加，主要由于基本顶断裂后，断裂岩块的垮落对已冒煤矸形成了冲击效应，冒矸被进一步压缩至更为密实状态。不同层位煤岩体变形差异较大，上部岩层的变形量明显小于下部岩层，这是因为破断岩层失去其本身整体性后破断剪胀堆积在采空区，碎胀效应使得上部岩层的活动空间明显减小，从而使上部厚度较大、强度较高的岩层能够暂时形成铰接结构而控制上覆岩层的进一步破断，该岩层自身及其上覆岩层并不完全丧失宏观整体性。如图 4 - 39 所示，测线 V 所在的岩层层位仅出现了变形量较小的离层现象。

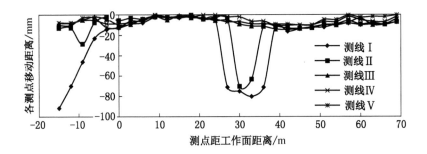

图 4 - 37　工作面推进至 17.6 m 时横向位移测线 I —V 岩层移动曲线

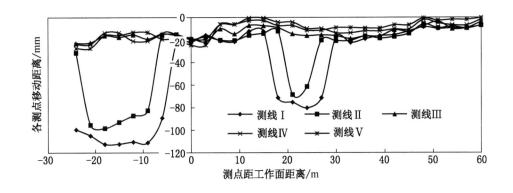

图 4 - 38　工作面推进至 27.3 m 时横向位移测线 I —V 岩层移动曲线

由图 4 - 34 可知，空巷至切眼的距离为 18.8 m，其所处位置小于顶板初次断裂步距，此时矿山压力不明显，所以空巷对各岩层移动变形规律的影响较小。而第一个空区至切眼的距离为 30.4 m，其所处位置基本处于顶板初次断裂的位置，此时采场围岩应力基本达到了最大值，因此，受超前支承压力的影响，空区顶板

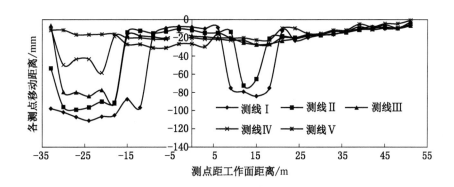

图 4 - 39 工作面推进至 33.2 m 时横向位移测线 I—V 岩层移动曲线

超前于煤壁发生离层变形，其至空区的顶煤及直接顶发生局部的冒顶。图 4 - 39
示出了煤壁前方空区上方各岩层均出现移动变形，表明当工作面揭露空区或工作
面与空区之间的煤柱失稳时，顶板以空区前方处于弹塑性状态的煤体为支撑点发
生超前于工作面的弯曲变形，此时如若支架工作阻力无法阻止其变形，顶板将发
生超前断裂。

图 4 - 40 和图 4 - 41 分别示出了工作面推进至冒顶区后方（推进方向为前
方）和冒顶区前方的煤柱中时各岩层的移动变形曲线。据图分析可知，随着
推进距离的增加，采场后方顶板悬露长度增大，上部厚度较大、强度较高的
岩层形成的暂时处于稳定状态的铰接结构受其上部岩层离层变形的挤压，当
铰接点摩擦力无法满足断裂岩块及其上覆岩层施加的载荷时，稳定状态再次
转变为失稳状态，铰接岩块出现滑落失稳，使得其移动变形量进一步增大。
当工作面推进至 69.6 m 时，上部岩层的移动变形量大于下部岩层的移动变形
量，说明上部岩层的回转及滑落失稳形成的水平位移较大，甚至大于其垂直
位移。

当工作面推进至冒顶区后方煤柱中时，由于煤柱失稳致使各岩层在冒顶区前
方处于弹塑性状态的煤体发生明显的移动变形，其中测线 III 最为显著。由此表
明，煤柱失稳后基本顶形成的悬臂梁臂长急剧增加，当悬臂长度大于其极限垮距
后，顶板沿冒顶区前方处于弹塑性状态的煤体处发生断裂并回转。基本顶的断裂
回转形成其上覆岩层存在离层变形的活动空间，同样当上覆岩层悬顶长度大于其
极限垮距后发生断裂或离层量增大的现象，这也是造成超前断裂块体厚度大、跨
度长的主要原因。而直接顶与顶煤受支架的支撑，表现出移动变形量较小的假
象。当工作面推进至冒顶区前方煤体中时，超前断裂块体垮落至已冒矸石上方，

127

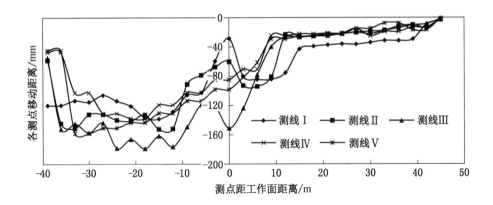

图 4-40　工作面推进至 42.9 m 时横向位移测线 I —V 岩层移动曲线

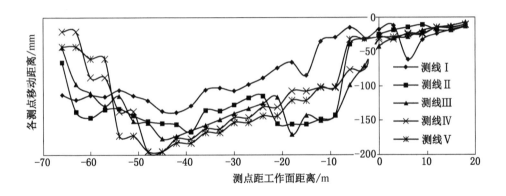

图 4-41　工作面推进至 69.6 m 时横向位移测线 I —V 岩层移动曲线

由于断裂块度较大使其回转空间相对减小，同时后方已冒岩层岩块对其挤压力较大，使得其回转角度较小，表现为水平移动量明显减小，这也是图 4-38 中示出的冒顶区上方各岩层移动变形较小的原因。

综合分析图 4-37 ~图 4-41 可以看出，当工作面推进超过一定距离时，各层位岩层移动变形幅度突然增大，表现为一定的"突变性"，并且移动变形曲线明显形成下沉盆地，但移动变形曲线整体表现为波浪状，且波动幅度变化较大。经分析移动变形幅度突然增大与顶板断裂有关，而移动变形曲线形成的"波浪状"主要是受空巷、空区及冒顶区的影响，顶板岩层断裂形成的断裂岩块块度大小不一致造成的，且空巷跨度越大的区域，各岩层的移动变形曲线波动越大。

由此可以认为，空巷的存在对顶板的断裂特征具有显著的影响，且空巷宽度不同，顶板断裂特征也不同。由此，残煤复采上覆岩层移动变形规律可以归纳为以下几点：

（1）受空巷的影响，各岩层移动变形的起点均超前于工作面煤壁，当工作面与空巷之间的煤柱失稳时，各岩层以空巷前方处于弹塑性状态的煤体处开始移动变形，且空巷宽度越大，其移动变形幅度越大。

（2）各岩层移动变形曲线明显形成下沉盆地，但由于断裂岩块的块度大小不同，即不具有周期断裂的特征，使得下沉盆地曲线整体表现为波动幅度不同的"波浪状"，且空巷宽度越大，其移动变形曲线的波动越大。

（3）当工作面推进超过一定距离时，受顶板断裂的影响，各层位岩层移动变形幅度突然增大，表现为一定的"突变性"，且空巷宽度越大，岩层移动变形的突变性越明显。

2. 三维立体相似模拟研究结果

图 4 - 42 ~ 图 4 - 44 所示为三维立体模拟实验工作面过不同宽度的平行空巷时横向位移测线Ⅰ、Ⅱ上各测点的移动距离变化曲线。据图分析可知，旧采开采后，空巷顶板均出现离层变形，空巷宽度为 12 m 时，直接顶发生局部垮塌，且由于旧采开采区域支承压力的作用，各巷道之间的煤柱被压缩，使得上覆岩层整体下沉。

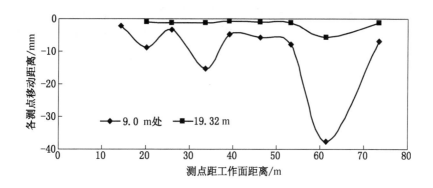

图 4 - 42　旧采巷道开挖后横向位移测线Ⅰ、Ⅱ岩层移动曲线

同平面应变相似模拟结果相同，宽度为 2.5 m 空巷对顶板的断裂结构影响较小。当工作面推进至空巷与空区之间的煤柱中时，受超前支承压力的影响，空区顶板超前于煤壁的离层变形量开始增大，甚至空区的直接顶也发生局部的冒顶。图 4 - 43 示出了煤壁前方空区上方顶板移动变形明显增加，表明当工作面揭露空

区或工作面与空区之间的煤柱失稳时，顶板以空区前方处于弹塑性状态的煤体为支撑点发生超前于工作面的弯曲变形，此时若支架工作阻力无法阻止其变形，顶板将发生超前断裂。

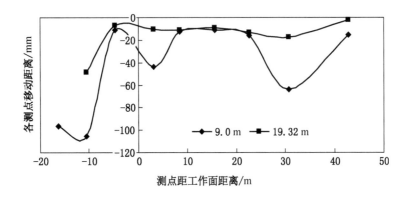

图 4-43　工作面推进 20 m 时横向位移测线Ⅰ、Ⅱ岩层移动曲线

　　图 4-44 示出了工作面推进至冒顶区后的煤柱中时各岩层的移动变形曲线。同平面应变相似模拟实验结果相同，由于煤柱失稳致使各岩层在冒顶区前方处于弹塑性状态的煤体处发生明显的移动变形。由此表明，煤柱失稳后基本顶形成的悬臂梁跨度急剧增加，当悬顶长度大于其极限垮距后，顶板沿冒顶区前方处于弹塑性状态的煤体处发生断裂并回转。而支架上方直接顶岩层的移动变形量较小，这是由于支架提供了较大的支护阻力，使得直接顶丧失了移动变形的空间。

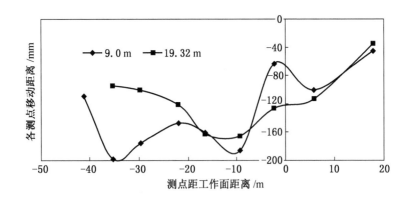

图 4-44　工作面推进 50 m 时横向位移测线Ⅰ、Ⅱ岩层移动曲线

综合三维立体相似模拟和平面应变相似模拟结果可以看出，当旧采遗留巷道的宽度较小时，只要支架能够提供足够的支护强度与上覆岩层施加的载荷平衡时，采场围岩处于稳定状态；当旧采空巷宽度较大时，由于煤柱失稳，跨度较大的悬臂梁受弯拉和剪拉作用，顶板发生超前断裂几乎是不可控的。由此表明，残煤复采采场中，只要存在旧采遗留空巷，就必须对其进行采前处置，以保证采场的围岩稳定。

4.4.3 工作面过斜交空巷上覆岩层移动变形规律

图 4-45～图 4-47 为三维立体模拟实验工作面过不同宽度的斜交空巷时横向位移测线Ⅰ、Ⅱ上各测点的移动距离变化曲线。同工作面过与其平行的空巷相同，旧式开采后，空区及空巷顶板均出现离层变形，下沉量分别为 0.37 m 和 0.18 m，且受巷道两侧支承压力的作用，空区及空巷之间的煤柱被压缩，使得上覆岩层整体下沉。

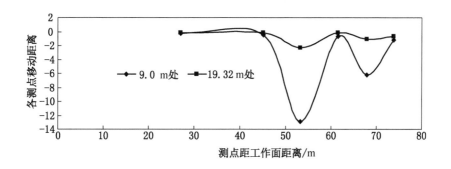

图 4-45 旧采巷道开挖后横向位移测线Ⅰ、Ⅱ岩层移动曲线

当工作面与空区之间的煤柱失稳或揭露空区时，工作面前方顶板移动变形明显增加，表明受工作面超前支承压力作用，顶板以空区前方处于弹塑性状态的煤体为支撑点发生超前于工作面的弯曲变形，此时如若支架工作阻力无法阻止其变形，顶板将发生超前断裂。而当工作面揭露宽度为 2.5 m 空巷时，未出现顶板的超前移动变形，由此表明小断面的空巷对顶板的断裂结构影响较小。

通过对比分析工作面过与之平行和斜交的空巷时采场上覆岩层移动变形规律可得出如下结论：

（1）当工作面过空区时，受工作面超前支承压力的影响，空区顶板均超前于工作面煤壁开始出现移动变形量突然增加，顶板以空区前方处于弹塑性状态的煤体为支撑点发生超前于工作面的弯曲变形。

（2）当工作面过空巷时，不论是与工作面平行还是斜交的空巷，由于巷道

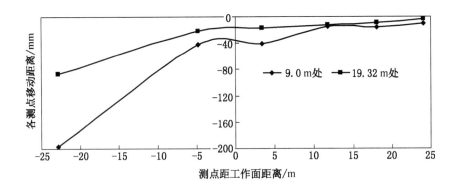

图 4-46 工作面推进 50 m 时横向位移测线 I、II 岩层移动曲线

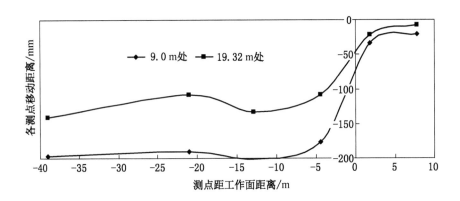

图 4-47 工作面推进 65 m 时横向位移测线 I、II 岩层移动曲线

宽度较小,空巷对顶板的断裂及受力特征影响较小,空巷顶板均超前于工作面煤壁移动变形量增加不明显。且相对于平行空巷,斜交空巷的移动变形量较小。

由此可以表明,与平行于工作面的巷道相比,小角度的斜交空巷对上覆岩层移动变形规律的影响较小,其上覆岩层移动变形规律与工作面过平行巷道时基本相同。因此,当工作面过平行空巷时,采用小角度的调斜工作面的方式是不科学的,虽然能够减小顶板移动变形量,但本质不会改变上覆岩层的运移规律。

4.5 本章小结

本章主要以圣华煤业 3 号煤层残煤复采为研究背景,通过相似模拟实验对残煤复采的采场覆岩结构及运移规律进行研究,得出的主要结论如下:

（1）实验结果表明，随着工作面的推进，不同宽度的旧巷、煤柱对岩层结构演化及运移规律的影响存在共性：随着煤层采出，顶板岩层内产生相应裂隙，大多裂隙呈 50°～90°，呈动态变化，表现为岩层开裂产生新裂隙和已产生裂隙扩展变化两种方式，并以两种方式交替出现为主。导致顶板岩层在垂直方向自下往上形成 4 种特征的岩层区域：垮落岩层区、裂隙贯通岩层区、有裂隙但未贯通岩层区和无裂隙岩层区。

（2）由于空巷宽度不同，直接赋存于煤层之上的岩层裂隙经过产生、扩展、贯通在横向上呈不规律分布，实验中观测到，根据空巷宽度的不同，岩层裂隙产生的位置也不同，分为两种情况：裂隙形成于工作面支架后方及裂隙形成于工作面煤壁前方。

（3）在分析三维立体和平面应变相似模拟实验结果的基础上，建立了残煤复采采场上覆岩层结构——不规则岩层块体传递岩梁结构，并对该结构中的"关键块"B 的破断位置及失稳机理进行了力学分析。

（4）通过三维立体及平面应变相似模拟，分析了残煤复采上覆岩层移动变形规律，研究结果表明：①受空巷的影响，各岩层移动变形的起点均超前于工作面煤壁，当工作面与空巷之间的煤柱失稳时，各岩层以空巷前方处于弹塑性状态的煤体处开始移动变形，且空巷宽度越大，其移动变形幅度越大；②各岩层移动变形曲线明显形成下沉盆地，但由于断裂岩块的块度大小不同，即不具有周期断裂的特征，使得下沉盆地曲线整体表现为波动幅度不同的"波浪状"，且空巷宽度越大，其移动变形曲线的波动越大；③当工作面推进超过一定距离时，受顶板断裂的影响，各层位岩层移动变形幅度突然增大，表现为一定的"突变性"，且空巷宽度越大，岩层移动变形的突变性越明显。

（5）通过对比分析工作面过与之平行和斜交的空巷时采场上覆岩层移动变形规律，认为与平行于工作面的巷道相比，小角度的斜交空巷对上覆岩层移动变形规律的影响较小。因此，当工作面过平行空巷时，采用小角度的调斜工作面的方式是不科学的，虽然能够减小顶板移动变形量，但本质上不会改变上覆岩层的运移规律。

5 复采工作面支架—围岩关系及支架选型

5.1 复采采场支架稳定性因素分析

5.1.1 支架稳定性问题的提出

对残煤复采放顶煤液压支架稳定性进行分析，确定支架失稳事故的原因、机理和影响支架工作阻力大小的主要因素，在考虑各因素的影响下，计算得出的残煤复采放顶煤液压支架工作阻力具有更好的适用性。

生产实践表明，支架稳定性好能够保证工作面安全高效地生产。影响支架工作阻力的因素众多，在残煤复采区主要存在大量煤柱、空巷、高冒区，当支架通过这些区域时，因煤柱强度的不同，随工作面前方煤柱宽度的减小，煤柱极易发生煤爆而突然失稳，引起顶板发生超前大断裂、台阶下沉、立柱折断等动压事故。研究表明，当煤柱及空巷走向与工作面垂直或大角度斜交时，空巷不会引起工作面前方空间应力大范围重新分布，仅会引起部分支架受力不均等现象，因此本章仅研究煤柱、空巷与工作面平行的情形。

1. 复采综放工作面支架失稳事故分类

残煤复采液压支架稳定性事故总体可分为两大类：

（1）推垮型事故：随着残煤复采工作面顶板的断裂，顶板岩块会沿煤层层面产生较大的推力推倒支架。根据推力方向不同，支架可能沿倾向、采空区方向、煤壁方向被推垮。

（2）压垮型事故：根据顶板对支架顶梁合力作用点位置不同，可分为向采空区方向、煤壁方向压垮两种形式。这类事故发生时支架顶梁在顶板合力作用下压垮，进而引起顶板的垮落。

2. 复采综放工作面支架失稳原因分析

影响复采工作面支架工作阻力及失稳的因素众多，按发生机理，支架失稳原因可分为3类：采场顶板局部冒顶引起的支架失稳；直接顶运动引起的支架失稳；基本顶断裂引起的支架失稳。

（1）采场顶板局部冒顶引起的支架失稳。复采工作面揭露空巷后，因空巷顶板悬漏面积大，支架顶梁前方空顶距突然增大且未及时支护或支护后因支护强度不足，引发端面局部冒顶，支架顶梁上方空顶，引起支架顶梁受顶板合力作用点向顶梁后方移动，造成支架"抬头"，甚至发生推跨型事故。

（2）直接顶运动引起的支架失稳。复采工作面直接顶受空巷及基本顶回转的影响，顶板的完整性遭到破坏，稳定性减弱，随着顶煤的放出，局部破碎直接顶随顶煤一并放出，支架失去直接顶的约束作用，支架受力偏载严重，当支架的偏心载荷超过支架承载能力极限值时，支架部件发生破坏，甚至发生倒架事故。

（3）基本顶断裂引起的支架失稳。基本顶断裂失稳是引起支架发生稳定性事故的主要原因。残煤复采区存在大量随机分布的空巷，受其影响，复采工作面可能发生超前大断裂，当基本顶断裂回转时，顶板的重量由支架、工作面前方煤柱和空巷前方煤体共同承担，若支架工作阻力不足，无法阻止基本顶断裂回转时，则支架立柱卸压，油缸崩裂甚至出现倒架事故。

5.1.2　支架稳定性力学模型及失稳机理

1. 支架稳定性力学模型

以四柱支撑掩护式液压支架为例，分析支架失稳机理。如图 5 – 1 所示，通过对简化力学模型受力分析，对 O 点取矩，得出支架平衡方程为 $Q(X + L) = R_1 l_1 + R_2 l_2 + fQh$，对 A 点取矩得出支架平衡方程为 $QX = R_1 \cos\alpha_1 L_1 + R_2 \cos\alpha_2 L_2$，联立求解得出：

$$Q = R\cos\alpha \frac{L - h\tan\alpha}{L - h\tan\varphi} \qquad X = \frac{L_1 + L_2}{2} \frac{L - h\tan\alpha}{L - h\tan\varphi}$$

α_1、α_2 为前、后立柱与竖向夹角，取 $\alpha = \alpha_1 = \alpha_2$；$\varphi$ 为支架顶梁与顶板的摩擦角，（°）；Q 为外载荷，kN；X 为外载荷作用点距铰接点 A 的距离；L 为四连杆瞬心铰接点距 A 点距离，m；L_1、L_2 为支架前、后立柱距 A 点距离，m；R_1、R_2 为支架前后立柱合力，$R = 2R_1 = 2R_2$，kN；l_1、l_2 为前、后柱距四连杆瞬心铰接点距离，m；fQ 为顶板外载荷力作用在支架顶梁上的摩擦力，kN；h 为四连杆瞬心铰接点距 A 点垂直距离，m。

2. 液压支架失稳力学分析

液压支架立柱工作阻力水平分力之和为 $R_1 \sin\alpha_1 + R_2 \sin\alpha_2$，顶梁所受摩擦力为 $fR\cos\alpha \dfrac{L - h\tan\alpha}{L - h\tan\varphi}$。

（1）若两支柱水平分力等于顶梁与顶板之间的摩擦力 fQ 时，即 $\alpha = \varphi$，则 $\dfrac{L - h\tan\alpha}{L - h\tan\varphi} = 1$，支架外载荷合力作用点不会移动。

（2）若两支柱水平分力大于顶梁与顶板之间的摩擦力 fQ 时，即 $\alpha > \varphi$，

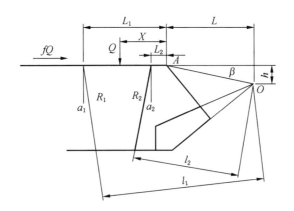

图 5-1 支架稳定性力学模型

$\dfrac{L-h\tan\alpha}{L-h\tan\varphi}<1$，随着支架工作阻力的减小，支架外载荷合力作用点将向煤壁一侧移动。

（3）若两支柱水平分力小于顶梁与顶板之间的摩擦力 fQ 时，即 $\alpha<\varphi$，$\dfrac{L-h\tan\alpha}{L-h\tan\varphi}>1$，随着支架工作阻力的增加，支架外载荷合力作用点将向采空区一侧移动。

史元伟在其出版的《采煤工作面围岩控制原理与技术》中提出，液压支架顶梁外载荷可分为 3 个区域，力学模型如图 5-2 所示。

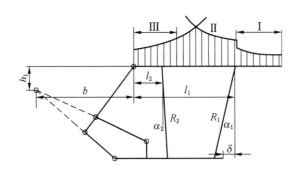

图 5-2 支架顶梁受力模型

各分区力学计算公式如下：

Ⅰ区应力峰值计算公式为：

$$P_{1y} = \frac{R_1 l_1 \cos\alpha_1 + R_2 l_2 \cos\alpha_2}{B_0(x_1 + \delta + l_1)} \qquad (5-1)$$

Ⅱ区应力峰值计算公式为：

$$P_y = \frac{R_1\cos\alpha_1 + R_2\cos\alpha_2 + (R_2\sin\alpha_2 - R_1\sin\alpha_1)\dfrac{h_1 - h_2}{b}}{B_0\left(1 - f\dfrac{h_1 - h_2}{b}\right)} \qquad (5-2)$$

Ⅲ区应力峰值公式为：

$$P_{2y} = \frac{R_1\cos\alpha_1 + R_2\cos\alpha_2}{B_0 x_2} \qquad (5-3)$$

式中，R_1、R_2 为前后排立柱合力，kN；l_1、l_2 为前后排立柱至铰接点距离，m；α_1、α_2 为前后排立柱与垂线夹角，（°）；b、h_1 为铰接点至顶梁末端水平与垂直距离，m；B_0 为支架中心距，m；h_2 为顶梁厚度，m；δ 为底座垂直投影至前排立柱铰点的距离，m；x_1、x_2 为顶梁前端、后端外载合力点至顶梁末端的距离，m。

3. 支架失稳类型

1）基本顶岩块回转引起支架失稳

图 5-3 所示为顶板回转示意图，当顶板回转时，支架若能够保持稳定则需要满足条件为：

$$P_{2y} \cdot a \leqslant G \cdot g \cdot b + P_y \cdot c + P_{1y} \cdot d \qquad (5-4)$$

式中　P_y——支架顶梁中部所受合力，kN；

　　　P_{1y}——支架顶梁前方所受合力，kN；

　　　P_{2y}——支架顶梁后方所受合力，kN；

　　　a——支架顶梁后方受力作用点至后支柱距离，m；

　　　b——支架重心至后柱距离，m；

　　　c——支架顶梁中部所受合力作用点至后柱距离，m；

　　　d——支架顶梁前方所受合力作用点至后柱距离，m；

　　　G——支架自身质量，kg；

　　　g——重力加速度，N/kg。

由图 5-3 可知，因基本顶关键块回转，工作面发生端面冒顶，$P_{1y}=0$，此时，支架顶梁受力为 P_y 和 P_{2y}，当顶梁受力 P_y 的作用点移至后排立柱后方时，支架保持平衡的条件为 $P_{2y} \cdot a + P_y \cdot c \leqslant G \cdot g \cdot b$。实际中支架无法承受顶板关键块回转产生的力矩，随着关键块的回转，支架顶梁的受力 P_{2y} 和 P_y 的作用点向支柱后方移动，同时支架保持平衡条件无法满足，因此支架"抬头"，并向冒顶区移动甚至被推垮，造成支架稳定性事故。

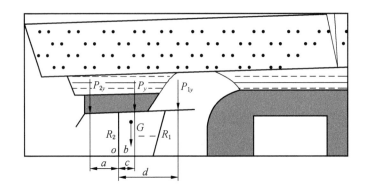

图 5－3　顶板回转示意图

2）基本顶岩块滑落引起支架失稳

图 5－4 所示为关键块滑落失稳示意图。随着残煤复采工作面推进，煤柱宽度逐渐减小并失稳，此时，支架保持平衡的条件为：

$$P_{1y} \cdot d \leqslant G \cdot g \cdot b + P_y \cdot c + P_{2y} \cdot a \qquad (5-5)$$

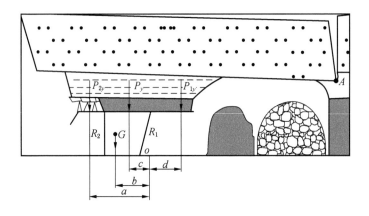

图 5－4　关键块滑落失稳示意图

随着煤柱的失稳，顶煤和直接顶悬露长度突然增加。当顶煤和直接顶悬露长度达到其极限跨距时，顶煤和直接顶垮落充满旧空区，基本顶形成"超前大断裂"，关键块重量由支架及旧空区前方煤壁承担，当基本顶岩块在 A 点处的剪切力大于旧空区前方直接顶内聚力时，关键块出现下滑，支架无法保存平衡，出现失稳事故。

3）基本顶岩块台阶下沉引起支架失稳

图 5－5 所示为关键块台阶下沉示意图。随着工作面继续推进，煤柱宽度减小，基本顶岩块出现台阶下沉，岩块由旧空区矸石、液压支架及铰接点 A 处支承达到平衡，支架外载合力向顶梁前方移动，P_{1y} 明显增大，P_y 作用点向支架顶梁前方移动，同时，支架顶梁后方所受合力因岩块回转或放顶煤而减小，液压支架前柱泄压，后柱被拉伸。实际工作当中，支架受顶板水平方向的作用力将支架推向采空区，随着工作面的推进，支架稳定性越来越差，直至支架压死，甚至形成推垮型事故。

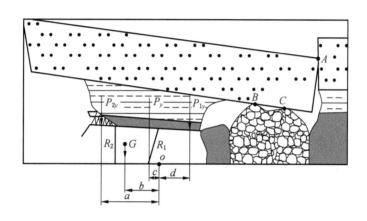

图 5－5　关键块台阶下沉示意图

5.1.3　支架工作阻力影响因素分析

复采工作面支架工作阻力的影响因素众多，主要分为 3 种类别：

（1）开采技术因素。开采技术因素是指由于开采技术原因形成的影响因素。旧采区主要采用巷柱式、残柱式等旧式采煤法，在残采区形成大量的空巷、空区、冒顶区、煤柱，这是影响支架工作阻力的主要因素。

（2）地质因素。地质因素是地质历史时期形成的影响因素，如煤层埋深、厚度、倾角、硬度及地质构造等因素。

（3）其他因素。主要包括开采工艺、操作质量等方面的因素。

1. 开采技术因素

1）复采区煤柱

因开采技术及煤层赋存条件的影响，在采空区形成煤柱（群）支承顶板的结构。若煤柱及顶底板岩层强度较大，回采工作面液压支架通过煤柱群时，就会形成支架–煤柱支承顶板结构，如图 5–6 所示。随着回采工作面的推进，煤柱宽度逐渐减小，采空区上覆岩层的重力全部或部分转移到支架上，因此采空区及煤柱的宽度、煤柱强度均会对支架工作阻力大小产生影响。

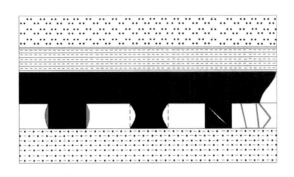

图 5–6　支架–煤柱支承顶板结构示意图

2）空巷

（1）空巷宽度对支架阻力的影响。

先前采用巷柱式采煤法开采厚煤层后，因直接顶较厚，基本顶受旧空区内均匀分布的煤柱、顶煤及直接顶支承能够保持完整，当复采工作面回采时，在空间上形成如图 5–7 所示空巷群力学模型。当边缘煤柱宽度 A_1 减小到临界稳定性宽度之下时，受空巷宽度影响，基本顶可能发生超前大断裂，空巷（B_1）、煤柱（A_1）及支架上方的顶煤、岩块 E、岩块 B 的重量均对支架产生影响，因此空巷的宽度直接影响液压支架工作阻力的大小。

如图 5–8 所示为空巷力学模型，当旧空区的宽度 B_1 达到基本顶极限垮落步

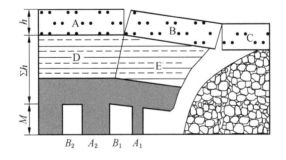

图 5–7　空巷群力学模型示意图

距 L 时，随工作面回采在旧空区就会形成如图 5 - 8 所示围岩结构，支架一方面支承顶煤、岩块 D 与岩块 C 的重量，另一方面会受旧空区岩块 A、B 回转失稳的影响[58]。

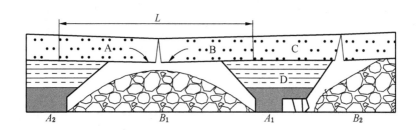

图 5 - 8　空巷力学模型示意图

（2）空巷类型。

根据空巷所在位置，可将空巷分为煤层底部空巷（沿煤层底板掘进，或距离煤层底板小于 0.5 m 的旧空巷），煤层中部空巷（沿煤层中部掘进，距煤层底板 0.5 ~ 2 m 的旧空巷），煤层顶部空巷（沿煤层顶板掘进，或距煤层底板大于 2 m 的旧空巷）。

通过现场调查研究发现，关岭山煤业旧空区空巷主要以煤层底部空巷为主，空巷宽度主要为 2.5 ~ 3 m，少数达到 6 ~ 8 m，空巷高度为 2.2 ~ 2.5 m。因此，本节研究煤层巷道均为底部空巷。

根据空巷与工作面交角，可将空巷分为与工作面垂直型空巷、平行型空巷、斜交型空巷，因平行型空巷对工作面支架工作阻力影响最为强烈，因此本节主要研究与工作面平行型空巷。

3）高冒区

高冒区是指旧空区开采后因开采宽度大，煤岩强度低或受构造等的影响，空区顶板发生冒顶现象，冒顶高度超过可控高度 500 mm，在空巷顶部形成围岩控制困难，易集聚瓦斯的顶部空间。图 5 - 9 所示为高冒区分布状态示意图。

对于中厚及以上煤层，根据空巷位置及煤层、直接顶、基本顶是否垮落，可将高冒区分为以下 6 种类型，空底落煤型高冒区、空底落煤及直接顶型高冒区、空底全落型高冒区、底实中空落煤型高冒区、底实中空落煤及直接顶型高冒区、底实中空全落型高冒区。如图 5 - 10 所示，为中厚、厚煤层高冒区分类图。

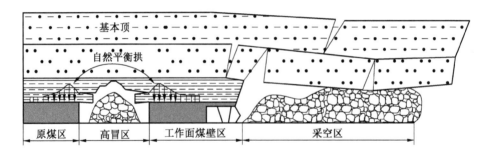

图5-9　高冒区分布状态示意图

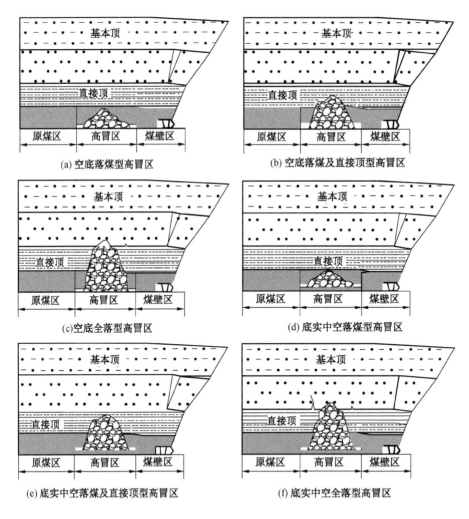

(a) 空底落煤型高冒区

(b) 空底落煤及直接顶型高冒区

(c) 空底全落型高冒区

(d) 底实中空落煤型高冒区

(e) 底实中空落煤及直接顶型高冒区

(f) 底实中空全落型高冒区

图5-10　中厚、厚煤层高冒区分类

对于工作面前方不同类型的高冒区，因其冒顶空间大，围岩稳定性差，复采工作面支架推过高冒区时，可能造成严重的动压事故，应采取充填或穿钢钎等措施处理并经评估安全后方可通过。

2. 地质因素

1）煤层埋深

研究表明，埋深每增加 100 m，原岩应力相应地增加 2.58 MPa，支架选型时须考虑埋深变化的影响。在煤层埋深较浅的情况下，因浅埋薄基岩覆岩表土层无自承能力，若支架支承能力不足，当基岩受采动破坏无法铰接自稳发生台阶下沉时，上覆表土层的重力通过关键岩块全部施加给支架，导致支架工作阻力急剧增大而出现压架事故。当埋深达到一定值时，上覆岩层因主关键层的存在，能够支承其上方表土及岩层的重量，对其下部空间起到"保护"作用。因此，煤层埋深对支架工作阻力有一定影响。

2）煤层厚度及硬度

图 5-11 所示为煤层厚度影响支架工作阻力模型示意图。因旧空巷的存在，当支架回采至旧空巷时，随着煤柱宽度的减小，煤柱稳定性逐渐降低，支架上方顶煤、直接顶岩块 A 及基本顶岩块 B 回转失稳形成的压力均由支架承担。因此，煤层厚度也成为影响支架工作阻力的因素。

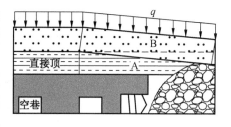

图 5-11 煤层厚度影响支架
工作阻力模型示意图

煤层强度也是支架工作阻力大小影响因素之一。随煤层强度不同，顶煤垮落角也不同。煤层强度较大时，顶煤垮落不及时，垮落角 α 小于 90°，顶煤垮落形态如图 5-12a 所示，随着基本顶的断裂回转，基本顶岩块与直接顶垮落岩块合力作用点向支架顶梁后部移动。当合力超过支架保持平衡力系时，支架出现"抬头现象"，支护效果减弱。煤层强度较小时，顶板断裂线受空巷影响前移，顶煤冒落较充分，垮落角 α 一般大于 90°，顶煤垮落形态如图 5-12b 所示。顶煤与直接顶岩块堆积在支架掩护梁上，受顶板岩层影响，支架顶梁外载荷合力作用点前移，当合力超过支架保持平衡力系时，支架前顶梁因受较大压力而出现"低头现象"。

3）煤层倾角

如图 5-13 所示，当残采煤层有一定倾角时，支架受变倾角 α 的影响易向采空区滑动而失稳，当基本顶岩块破断时，岩块 A、B 及顶煤的重量均由煤柱－支架－矸石支承体系来承担，同时，煤柱宽度 b、空区宽度 a 对支架工作阻力有影响。

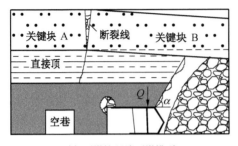 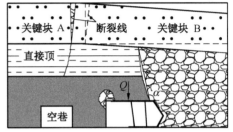

(a) 顶煤较硬放顶煤模型　　　　　　　(b) 顶煤较软放顶煤模型

图 5-12　顶煤强度影响支架工作阻力模型示意图

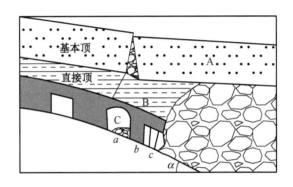

图 5-13　倾角影响支架工作阻力模型示意图

4）地质构造

煤层受断层、陷落柱、褶皱等影响，应力较为集中，当回采工作面液压支架通过这些区域时，受不平衡力的影响，矿压显现剧烈，支架支护阻力变化大。

3. 其他因素

1）开采工艺

根据旧采区因煤层厚度不同，复采工作面采煤工艺可选择大采高一次采全厚和放顶煤采煤工艺。在复采区，当采用放顶煤采煤法回采时，根据复采区煤厚变化可随时调整割煤高度，采高变化灵活，能够有效地解决煤壁片帮，端面冒顶的难题。当采用大采高采煤法时，因复采区存在大量旧空巷及煤柱，工作面围岩结构复杂，顶板来压强烈，煤壁片帮难以控制，当工作面通过冒顶区时，顶板易冒顶，支架接顶效果差，易发生"压架"等事故。

2）操作质量

残煤复采回采过程中，液压支架受力大小受人为操作影响较大。当遇到空巷时，需及时调整移架方式（带压移架），降低割煤高度，减小控顶面积，保证支架具有良好的接顶效果，对工作面顶板要及时有效地支护，防止端面冒顶引发基本顶超前破断，造成顶板台阶下沉等事故。

5.2 基于支架—围岩相互作用关系确定支架工作阻力

5.2.1 复采工作面过煤柱支架—围岩相互作用力学模型

1. 支架—围岩相互作用力学模型

通过第 4 章复采工作面过空巷围岩运移及应力演化规律分析可知，残煤复采液压支架工作阻力达到最大的情况为煤柱宽度达到临界失稳宽度，基本顶岩块悬臂长度增大，其抗拉强度达到临界值后发生超前大断裂。通过建立支架围岩相互作用力学模型对支架工作阻力进行研究，如图 5-14 所示。

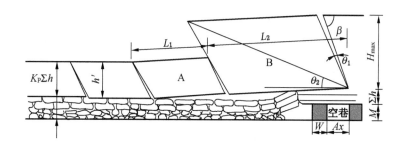

图 5-14 支架—围岩相互作用力学模型

块体 B 与块体 A 铰接后形成平衡结构，为研究支架对围岩的支护作用，取块体 B 分离体，其受力状态如图 5-15 所示，通过顶板来压强度力学模型确定残煤复采工作面液压支架工作阻力计算公式。

块体 B 在块体 A 的水平推力 T 和拱脚竖向载荷 V 的作用下，在与垂直方向呈 θ 的断裂线处不产生滑动的条件是：

$$T(\cos\theta\sin\phi - \sin\theta\cos\phi) \geqslant V(\cos\theta\cos\phi - \sin\theta\sin\phi)$$
$$(5-6)$$

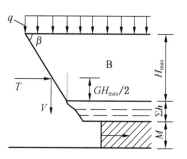

图 5-15 顶板来压强度
力学模型

化解得：$V \leqslant T \cdot \tan(\phi - \theta)$，其中 $\theta = \dfrac{\pi}{2} - \beta$，因此：

$$V \leqslant T \cdot \tan\left(\phi + \beta - \dfrac{\pi}{2}\right) \qquad (5-7)$$

由式 5-7 可知，当不等式成立时，块体 B 不会沿断裂线滑移，即不会出现回转或滑落失稳；若不等式不成立，则块体 B 保持稳定的条件为支架能够提供有效的支护阻力与断裂面上的摩擦力共同平衡拱脚竖向载荷 V，因此，根据平衡条件可得支架所需提供的支护阻力 P_2 为：

$$P_2 = V - T \cdot \tan\left(\phi + \beta - \dfrac{\pi}{2}\right) \qquad (5-8)$$

式中 V 与 T 可由式（5-9）与式（5-10）计算得出：

$$V = \dfrac{L_2 q_2}{2} - T \tan\theta_2 \qquad (5-9)$$

$$T = \dfrac{L_1 q_2 + L_2 q_2}{2} \cdot \dfrac{X_c(1+S)}{Y - X\tan\theta_2} \qquad (5-10)$$

式中，β 为基本顶岩层断裂角，（°）；L_2 为块体 B 的长度，m；q_2 为基本顶岩层受顶板自重等效的均布载荷；L_1 为块体 A 的长度，m；$X_c = L_1\cos\theta_1$；$S = \dfrac{U}{L}(\cot\beta + \tan\theta_1)$；$U = H\left(1 - \dfrac{G}{2}\right)$；$L = L_1 + L_2$；$\tan\theta_1 = \dfrac{NY + X}{NX - Y}$；$Y = M - H -$ $\sum h(K_p - 1)$；$X = \sqrt{(1 + N^2)U^2 - Y^2}$；$\tan\theta_2 = \dfrac{Y - L_1\sin\theta_1}{X - L_1\cos\theta_1}$；$N = \dfrac{L + U\cot b}{U}$。

根据 N. Barton 准则，断裂面上的摩擦角可表示为：

$$\phi = JRC\lg\dfrac{GHJCS}{T} + \varphi_b \qquad (5-11)$$

式中，JRC 为基本顶岩层断裂面粗糙系数；JCS 为基本顶岩层裂缝壁有效抗压强度，可取基本顶岩层实验室测定的轴向抗压强度值；G 为拱脚处水平力挤压高度系数 $G = 0.018H - 0.0195$；H 为基本顶岩层计算厚度；φ_b 为基本顶断裂面基础摩擦角，（°）。

由式（5-8）与式（5-11）可得出在 N. Barton 准则条件下，当考虑顶煤与直接顶对支架作用时，支架所需提供的工作阻力计算表达式为：

$$P = V - Tf + P_1 \qquad (5-12)$$

$$P_1 = \gamma_2 M_2 \cdot ab + \gamma_1 \sum h \cdot ab \qquad (5-13)$$

$$f = \tan\left(JRC\lg\dfrac{GHJCS}{T} + \varphi_b + \beta - \dfrac{\pi}{2}\right) \qquad (5-14)$$

将式（5-13）、式（5-14）代入式（5-12）可得，支架工作阻力计算公式为：

146

$$P = V - T\tan\left(JRClg\frac{GHJCS}{T} + \varphi_b + \beta - \frac{\pi}{2}\right) + \gamma_2 M_2 \cdot ab + \gamma_1 \sum h \cdot ab$$

$$(5-15)$$

式中　　γ_1——直接顶的体积力，kN/m^3；

　　　　γ_2——顶煤的体积力，kN/m^3；

　　　　M_2——顶煤的厚度，m；

　　　　a——支架控顶距，m；

　　　　b——支架宽度，m；

　　　　$\sum h$——直接顶厚度，m。

2. 基本顶岩块参数的确定

为计算残煤复采工作面支架最大工作阻力，取 L_2 达到极限条件时的长度，当基本顶岩块断裂时，煤柱宽度达到临界失稳宽度，断裂岩块长度为复采工作面与断裂线距离、煤柱宽度、空巷长度之和。

$$L_2 = l_x + W + A_x \qquad (5-16)$$

由式（5-15）可知，基本顶岩块 B 发生超前断裂需满足的条件：

$$\begin{cases} L_2 = l_x + W + A_x \geqslant l \\ l_x \leqslant l \\ W \leqslant W^* \end{cases} \qquad (5-17)$$

式中　　l——开采实体煤时顶板周期来压步距，m；

　　　　W^*——煤柱失稳临界宽度，m。

煤柱宽度 W^* 可根 Bieniawski 煤柱强度计算公式计算：

$$\rho \cdot g \cdot H\left(1 + \frac{B}{W^*}\right) = 0.2357\sigma_c\left(0.64 + 0.36\frac{W^*}{M}\right) \qquad (5-18)$$

式中　W^*——煤柱临界宽度，m；

　　　　ρ——覆岩平均视密度，kg/m^3；

　　　　H——平均采深，187 m；

　　　　σ_c——煤层实验室标准试件单抽抗压强度，MPa；

　　　　g——重力加速度，$g = 9.8$ N/kg；

　　　　M——采高，m；

　　　　B——煤柱承载覆岩宽度，m。

煤柱承载覆岩宽度 B 包括空巷上方一半岩层重量和采场一部分基本顶及其覆岩的重量，因此：

$$B = \frac{A_x}{2} + kl_x \qquad (5-19)$$

式中 A_x——空巷宽度；

$\quad\quad l_x$——复采工作面与基本顶周期断裂线距离；

$\quad\quad k$——煤体载荷集度系数，表示采场支承压力峰值和原岩应力的比值，$k = 1.5 \sim 5$。

将式（5-19）代入式（5-18）可得：

$$\rho \cdot g \cdot H \left(1 + \frac{\dfrac{A_x}{2} + kl_x}{W^*} \right) = 0.2357\sigma_c \left(0.64 + 0.36 \frac{W^*}{M} \right) \quad (5-20)$$

解得：

$$W^* = \frac{-b + \sqrt{b^2 - 4ac}}{2a} \quad (5-21)$$

式中：$a = \dfrac{0.085\sigma_c}{M}$；$b = -\left(\dfrac{\rho g H}{2} - 0.15\sigma_c \right)$；$c = -\rho g H \left(\dfrac{A_x}{2} + kl_x \right)$。

由此可知，当 $l_x = l$，$W = W^*$ 时，L_2 达到最大值，可表示为：

$$L_{2\max} = l + W^* + A_x \quad (5-22)$$

因顶板受力状态改变，基本顶岩块发生断裂后，基本顶上覆岩层因悬臂长度的增加无法承载自身的重量，也会随基本顶发生断裂，导致基本顶断裂厚度增加，关键块厚度 H 可由悬臂梁极限跨距公式计算，公式为：

$$L_{2\max} = H_{\max} \sqrt{\frac{K\sigma_t}{3q}} \quad (5-23)$$

将式（5-22）代入式（5-23）可得

$$A_x + W^* + l = H_{\max} \sqrt{\frac{K\sigma_t}{3q}} \quad (5-24)$$

由式（5-24）可得

$$H_{\max} = (A_x + W^* + l) \sqrt{\frac{3q}{K\sigma_t}} \quad (5-25)$$

将 $q = \rho \cdot g \cdot H_{\max}$ 代入式（5-25）得：

$$H_{\max} = \frac{3\rho g (l + W^* + A_x)^2}{K\sigma_t} \quad (5-26)$$

式中 K——基本顶岩层抗拉强度系数，取 $0.8 \sim 0.9$；

$\quad\quad \sigma_t$——基本顶实验室标准试件单轴抗拉强度，kN/m^2。

3. 实例分析

以关岭山煤业 30102 残煤复采放顶煤工作面为计算地质原型，其中：采高 $M = 2.5\ m$；直接顶与顶煤总厚度 $\sum h = 3.5 + 2 = 5.5\ m$；直接顶碎胀系数 $K_p =$

1.25；基本顶岩层破断角 $\beta = 70°$；直接顶岩层视密度 $\rho = 2.48 \ t/m^3$；基本顶岩层视密度 $\rho = 2.7 \ t/m^3$；基本顶岩层抗拉强度系数 $K = 0.9$；基本顶承载岩层厚度 $H_{max} = 24.58 \ m$；基本顶岩层轴向抗拉强度 $\sigma_t = 6.33 \times 10^5 \ kg/m^2$；$L_i$ 为基本顶周期断裂步距（$i = 1, 2, \cdots$），$L_1 = 17.05 \ m$，由基本顶周期来压步距计算公式计算得，$L_2 = L_{max}$；基本顶岩层受顶板自重均布载荷 $q_2 = \rho \cdot g \cdot H_{max}$；基本顶岩层断裂面粗糙系数 $JRC = 15$；基本顶岩层裂缝壁有效抗压强度 $JCS = 5408 \ t/m^2$；基本顶岩层断裂面基础摩擦角 $\varphi_b = 30°$。

结合关岭山煤业 30102 工作面地质条件及煤岩体岩石力学参数，可得复采工作面过 8 m 平行空巷时，块体 B 最大的悬臂长度为：

$$L_{2max} = A_x + W^* + l = 8 + 17 + 17.05 = 42.05 \ （m）$$

式中，$W^* = \dfrac{-b + \sqrt{b^2 - 4ac}}{2a} = 17 \ （m）$。

将 $L_{2max} = 42.05 \ m$ 代入式（5 - 26）得：$H_{max} = \dfrac{3\rho \cdot g \cdot (A_{max} + W^* + l)^2}{K\sigma_t} =$ 24.6（m）。

支架需要提供的工作阻力为：$P = V - T \cdot f + P_1 = 5387 \ （kN/架）$。

式中，$T = \dfrac{Q \cdot X_c (1 + S)}{2(Y - X\tan\theta_2)} = 6845 \ （kN）$；$V = \dfrac{Q_2}{2} - T\tan\theta_2 = 10219.2 \ （kN）$；

$f = \tan\left(JRC\lg\dfrac{GHJCS}{T} + \varphi_b + \beta - \dfrac{\pi}{2}\right) = 0.82$；$P_1 = \gamma_2 M_2 \cdot ab + \gamma_1 \sum h \cdot ab =$ 781.45（kN/架）。

5.2.2　复采工作面过空巷支架围岩相互作用力学模型

1. 跨空巷关键块力学模型

图 5 - 16 所示为跨空巷长关键块力学模型。残煤复采工作面回采揭露空巷后，基本顶岩块因悬顶距大，抗剪强度超过其极限承载能力后破断，关键块横跨采空区、工作面、旧空巷，这种关键块称之为跨空巷长关键块。

2. 关键块 B 模型

将图 5 - 16 简化为如图 5 - 17 所示关键块受力分析图，通过对关键块结构受力状态进行分析，确定液压支架可安全通过空巷时所需工作阻力。

图中 T 为关键块水平挤压力；θ_1 与 θ_2 分别为岩块 B、C 回转角；Q_A' 与 Q_B' 分别为两岩块所受剪切力；A 为空巷宽度、x 为支架控顶距长度；L、l 分别为关键块 B、C 的长度；P_1、P_2 分别为关键块 B、C 的自重及上覆岩层集中载荷；R_1、R_2 分别为直接顶及矸石对关键块 B、C 的支承力；d 为岩块接触长度。

关键块平衡条件为：

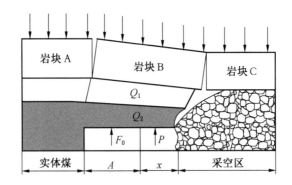

图 5 – 16　跨空巷长关键块力学模型

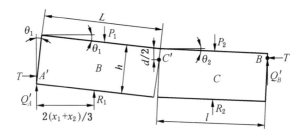

图 5 – 17　长关键块受力分析图

$$2R_1(A+x)/3 + T(h-\Delta-a) - (P_1L\cos\theta_1)/2 = 0 \qquad (5-27)$$

$$P_1 = R_1 + Q'_A \qquad (5-28)$$

求解得：

$$\begin{cases} T = \dfrac{P_1L\cos\theta_1}{2(h-\Delta-a)} - \dfrac{2R_1(A+x)}{3(h-\Delta-a)} \\ Q'_A = P_1 - R_1 \end{cases} \qquad (5-29)$$

防止岩块滑落失稳的条件为：

$$T\tan\varphi \geqslant Q'_A \qquad (5-30)$$

联立得：

$$\begin{cases} R_1 \geqslant P_1\left[\dfrac{3L\cos\theta_1\tan\varphi - 6(h-\Delta-a)}{4\tan\varphi(A+x) - 6(h-\Delta-a)}\right] \\ P_1 = bL(q + h\gamma_2) \\ \theta_1 = \arcsin\left[M - (K_p - 1)\sum h\right]/L \\ \Delta = L\sin\theta_1 \\ a = (h-\Delta)/2 \end{cases} \qquad (5-31)$$

式中，Δ 为关键块 B 回转下沉量，m；q 为关键块 B 上表面单位载荷，MPa；M 为煤厚，m；b 为支架宽度；γ_2 为岩块容重，kN/m^3；K_p 为碎胀系数。

对图 5 - 17 中支架和空巷上方煤层及直接顶岩层进行力学分析，假设空巷顶板受力 F_0 作用于 $A/2$ 处，支架对顶板作用于 $x/3$ 处。对顶煤及直接顶列平衡方程 $\sum M_0 = 0$，$\sum F_y = 0$，即

$$\frac{F_0 A}{2} + F_1 \left(A + \frac{x}{3}\right) - \frac{2(Q + R_1)(A + x)}{3} = 0 \qquad (5 - 32)$$

$$F_0 + P = Q + R_1 \qquad (5 - 33)$$

求解得：

$$F_0 = \frac{2A - 2x}{3A + 2x}(Q + R_1) \qquad (5 - 34)$$

$$P = \frac{A + 4x}{3A + 2x}(Q + R_1) \qquad (5 - 35)$$

其中 $Q = Q_1 + Q_2 = b(A + x)\left(m\gamma_1 + \sum h\gamma_2\right)$，若未对空巷做任何充填处理，则 $F_0 = 0$。

式中，F_0 为空巷对顶煤的支承力；P 为支架工作阻力；Q_1 为单位顶煤的载荷；Q_2 为单位直接顶的载荷；γ_1 为煤层容重。

3. 关岭山煤矿工作面支架工作阻力确定

关岭山相关参数：空巷宽度 A 为 8 m，控顶距 x 为 5.5 m，煤厚 M 为 4.5 m，顶煤厚度为 2 m；直接顶厚度 $\sum h$ 为 3.5 m，煤层容重为 14.2 kN/m^3，直接顶容重为 23.1 kN/m^3；碎胀系数取 1.25；直接顶内摩擦角 φ 为 32°。经式（5 - 35）计算得出过空巷时支架临界支护阻力为 4994 kN。

5.3 复采采场围岩变形特征及支架工作阻力数值模拟研究

5.3.1 数值模型

1. 模拟准则

数值模拟的准确性受所建模型尺寸的合理性影响大，模型建立时需以一定的准则为依据，为了准确地确定复采工作面围岩变形特征及液压支架合理工作阻力，模拟过程中遵循以下准则：

（1）划分单元格的基本尺寸为 1 m。

（2）数值模拟过程中的旧空巷、回采巷道及复采工作面的开挖，要与实际情况一致。

（3）模拟建立液压支架，并对支架赋予参数。为准确反映支架受力，支架

选用弹性体材料，模拟工作面回采过程中，支架能够支护住顶板时的最小工作阻力。

（4）工作面开挖步距为 1 m，运行步数依据为支架工作阻力不再增加时为止（即顶板活动稳定时），方可继续回采。

顶板活动稳定时，支架的工作阻力为"底板 – 支架与煤矸石 – 顶煤 – 直接顶 – 基本顶系统"能够达到平衡的临界支护阻力，若此时支架的工作阻力大于此临界值，则"底板 – 支架与煤矸石 – 顶煤 – 直接顶 – 基本顶系统"还能保持稳定，且顶板下沉量进一步减小；若此时的工作阻力小于此临界值，则"底板 – 支架与煤矸石 – 顶煤 – 直接顶 – 基本顶系统"不能保持稳定，且顶板下沉量急剧增大，直至达到支架活柱最大允许伸缩量，将支架"压死"。若最大活柱伸缩量大于能够引起顶板发生台阶下沉所允许的最大顶板下沉量和端面冒落位移，则工作面可能出现台阶下沉事故，支架被"压死"，因此，此时得到的支架工作阻力为最优工作阻力，只需判断此时顶板的最大下沉量是否处于安全（允许）下沉量范围（即不至于引起端面冒顶、台阶下沉所需最大端面位移）。

（5）一般情况下，支架受力在工作面中部均达到最大值，因此，顶板塑性区、应力云图及采场控顶区顶板测线均设置在工作面中部（$y = 120$ m）进行出图分析。

（6）对工作面液压支架 5.5 m 控顶区顶板下沉量进行动态监测，工作面回采过程中，在空巷、煤柱交互影响下分析支架支护工作阻力及强度能否控制顶板最大下沉量处于合理范围（顶板下沉量需满足安全生产要求），防止基本顶发生台阶下沉。

所监测的顶板下沉量为支架工作阻力不再增加时，即基本顶活动稳定时，此时控顶区顶板下沉量不再增加且达到支架能够支住顶板的临界最大下沉量。

（7）顶板状态参数的确定

顶板控制目标：①消除各类"压、漏、推冒顶隐患"，消除各类冒顶事故；②保证顶底板移近量、台阶下沉量及端面冒高参数位于限度内，保证顶板处于良好状态；③节省支护成本。

对于采场工作面顶板下沉量估算有两种方法，因式（5 – 36）适用于大采高工作面，计算结果只能作为参考。

① 按煤层采高与控顶距估算。顶板下沉量与煤层采高和控顶距成正比，可由式（5 – 36）计算得出

$$S_L = \eta ML \tag{5 – 36}$$

式中，η 为下沉系数；M 为煤层采高；L 为控顶距。

根据工作面实测确定离煤壁 4 m 处时，η 为 0.025 ~ 0.05，该数值是基于工

作面采用摩擦支柱条件下得到的，而顶底板移近量与支护强度成类双曲线关系，因此，对于现代综放工作面，此公式计算数值偏大。为解决当前控顶问题，估算顶板下沉量依然可用式（5-36），但 η 不宜超过 0.025。

② 按裂隙带基本顶的下沉量估算。图 5-18 所示为上覆岩层移动与工作空间顶板下沉的关系示意图。

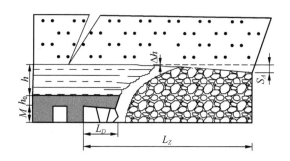

图 5-18 上覆岩层移动与工作空间顶板下沉的关系示意图

最大控顶距 L_D 处顶板下沉量可由式（5-37）计算：

$$\Delta h = \frac{S_A L_D}{L_Z}$$

$$S_A = M - (K_{Z1} - 1)h_1 - (K_{Z2} - 1)h - (K_{Z0} - 1)h_0 \qquad (5-37)$$

式中，S_A 为基本顶触矸处顶板下沉量，m；L_Z 为周期来压步距，m；M 为割煤高度，m；K_{Z1} 为基本顶岩层碎胀系数；h_1 垮落带基本顶厚度，m；K_{Z2} 为直接顶岩层碎胀系数；h 为直接顶岩层厚度，m；K_{Z0} 为顶煤碎胀系数；h_0 为顶煤厚度，m。

生产实践表明，端面冒高大于 200 mm 时，顶板难以维护，当前端面冒高控制值以 200 mm 为限；台阶下沉量与支护强度有关，德国研究人员认为，台阶下沉量大于 100 mm 的区段不大于工作面全长的 10% 时，顶板管理较好。一般认为，控顶距范围内采场顶板最大移近量为每米采高不宜超过 100 mm，为不出现顶板台阶下沉，顶底板最大移近量不得大于支架活柱最大下沉量，顶板端面冒高应不超过 200 mm。

因旧空巷对顶板影响，顶板断裂线可能前移，关键块可能发生超前破断，因此，基本顶岩层的破断与变形将直接影响端面顶板的稳定性。因此，需对端面顶板下沉量进行严格控制，控顶区顶板下沉量以每米采高不宜超过 100 mm 为控制值，端面冒高以 200 mm 为控制值，经过计算得到顶板下沉量见表 5-1。

表 5-1 顶板下沉量表

采高/ m	每米采高不宜超过 100 mm	采高与控顶距估算/ mm	端面距/ mm	端面下沉量极大值/ mm
2	200	275	0.3	200
2.5	250	343	0.3	200
3	300	412	0.3	200
3.5	350	481	0.3	200

2. 模拟参数

残煤复采综放工作面围岩变形特征及支架工作阻力模拟研究以山西崇安关岭山煤业有限公司 3 号煤层一采区 3101 复采工作面为地质原型。3 号煤层厚度为 4.35~5.5 m，平均厚 4.50 m，倾角为 3°~6°，煤层平均埋深为 187 m。3101 复采工作面面长 150 m，走向长度为 650 m。通过对关岭山煤业 3 号煤层顶板现场取样并进行岩石力学实验，获取关岭山煤业 3 号煤及其上覆岩层岩岩性、分层厚度及各岩层物理力学参数，见表 5-2，为 3 号煤残煤复采综放工作面围岩变形特征及支架工作阻力模拟研究提供基础数据。

表 5-2 各岩层物理力学参数

岩层	层厚/ m	弹性模量/ GPa	泊松比	抗拉强度/ MPa	抗压强度/ MPa	内聚力/ MPa	内摩擦角/ (°)	容重/ (g·cm⁻³)
泥岩细砂岩互层	9.5	$\frac{2.51\sim6.23}{4.2}$	$\frac{0.15\sim0.46}{0.3}$	$\frac{0.59\sim2.64}{1.89}$	$\frac{30.52\sim56.38}{48.5}$	$\frac{0.45\sim0.82}{0.7}$	$\frac{31\sim40}{38}$	$\frac{0.95\sim3.25}{2.52}$
石英砂岩	6.5	$\frac{1.28\sim3.46}{2.75}$	$\frac{0.12\sim0.36}{0.25}$	$\frac{1.45\sim3.54}{2.46}$	$\frac{30.2\sim39.24}{35.2}$	$\frac{1.52\sim3.62}{2.8}$	$\frac{24\sim39}{35}$	$\frac{1.45\sim3.48}{2.49}$
砂质泥岩	9.8	$\frac{11.09\sim16.38}{13.25}$	$\frac{0.15\sim0.34}{0.25}$	$\frac{9.15\sim12.01}{10.51}$	$\frac{40.55\sim55.15}{50.32}$	$\frac{3.16\sim5.62}{4.6}$	$\frac{26\sim38}{32}$	$\frac{1.25\sim3.12}{2.51}$
石英砂岩	4	$\frac{1.65\sim3.05}{2.75}$	$\frac{0.12\sim0.36}{0.25}$	$\frac{1.96\sim3.51}{2.46}$	$\frac{31.21\sim39.15}{35.2}$	$\frac{1.26\sim3.2}{2.8}$	$\frac{29\sim39}{35}$	$\frac{1.65\sim3.12}{2.49}$
砂质泥岩	7.5	$\frac{7.05\sim15.69}{10.25}$	$\frac{0.19\sim0.31}{0.25}$	$\frac{1.94\sim3.46}{2.51}$	$\frac{45.61\sim59.61}{50.32}$	$\frac{4.1\sim4.91}{4.6}$	$\frac{24\sim36}{32}$	$\frac{1.20\sim3.41}{2.51}$
中粒砂岩	6	$\frac{11.64\sim15.45}{12.83}$	$\frac{0.16\sim0.33}{0.24}$	$\frac{2.15\sim4.25}{3.75}$	$\frac{19.14\sim25.41}{20.58}$	$\frac{19.52\sim23.65}{21.35}$	$\frac{31\sim46}{45}$	$\frac{1.20\sim3.15}{2.56}$

表 5 - 2（续）

岩层	层厚/m	弹性模量/GPa	泊松比	抗拉强度/MPa	抗压强度/MPa	内聚力/MPa	内摩擦角/(°)	容重/(g·cm⁻³)
泥岩	3.5	$\dfrac{4.59 \sim 12.61}{8.9}$	$\dfrac{0.12 \sim 0.38}{0.26}$	$\dfrac{0.70 \sim 2.52}{1.06}$	$\dfrac{10.66 \sim 16.4}{13.3}$	$\dfrac{4.26 \sim 6.54}{5.4}$	$\dfrac{24 \sim 39}{32}$	$\dfrac{1.2 \sim 3.1}{2.2}$
3 号煤	4.5	$\dfrac{3.12 \sim 5.30}{4.58}$	$\dfrac{0.34 \sim 0.56}{0.43}$	$\dfrac{0.61 \sim 1.53}{0.78}$	$\dfrac{5.24 \sim 14.65}{9.72}$	$\dfrac{0.95 \sim 1.65}{1.32}$	$\dfrac{24 \sim 31}{27}$	$\dfrac{0.64 \sim 2.19}{1.56}$
砂质泥岩	7.5	$\dfrac{9.20 \sim 16.31}{13.25}$	$\dfrac{0.12 \sim 0.34}{0.25}$	$\dfrac{9.22 \sim 14.99}{10.51}$	$\dfrac{34.51 \sim 82.06}{50.32}$	$\dfrac{3.25 \sim 5.12}{4.6}$	$\dfrac{25 \sim 34}{32}$	$\dfrac{1.20 \sim 3.69}{2.51}$
石英砂岩	2	$\dfrac{1.52 \sim 3.16}{2.75}$	$\dfrac{0.11 \sim 0.35}{0.25}$	$\dfrac{1.14 \sim 3.48}{2.46}$	$\dfrac{29.46 \sim 40.54}{35.2}$	$\dfrac{1.20 \sim 3.64}{2.8}$	$\dfrac{31 \sim 39}{35}$	$\dfrac{1.1 \sim 3.54}{2.49}$
页岩	3	$\dfrac{18.32 \sim 26}{22}$	$\dfrac{0.12 \sim 0.36}{0.24}$	$\dfrac{1.1 \sim 2.6}{1.7}$	$\dfrac{12.15 \sim 19.34}{15.9}$	$\dfrac{0.92 \sim 2.11}{1.89}$	$\dfrac{21 \sim 29}{25}$	$\dfrac{1.99 \sim 4.25}{2.35}$
石灰岩	1.5	$\dfrac{10.21 \sim 16.22}{12.5}$	$\dfrac{0.15 \sim 0.35}{0.21}$	$\dfrac{4.02 \sim 5.99}{5.1}$	$\dfrac{80.24 \sim 136.44}{102.4}$	$\dfrac{9.20 \sim 14.35}{12.5}$	$\dfrac{38 \sim 49}{42}$	$\dfrac{1.02 \sim 3.97}{2.8}$
粉砂岩	11.5	$\dfrac{21 \sim 52 \sim 34.41}{29.85}$	$\dfrac{0.07 \sim 0.36}{0.12}$	$\dfrac{11.55 \sim 13.54}{12.12}$	$\dfrac{90.21 \sim 156.94}{122}$	$\dfrac{2.01 \sim 6.32}{4.52}$	$\dfrac{31 \sim 42}{38}$	$\dfrac{1.15 \sim 3.78}{2.55}$
灰岩	3.5	$\dfrac{19.56 \sim 25.36}{23.6}$	$\dfrac{0.15 \sim 0.42}{0.21}$	$\dfrac{4.2 \sim 6.44}{5.7}$	$\dfrac{45.35 \sim 82.64}{62}$	$\dfrac{8.2 \sim 9.1}{8.5}$	$\dfrac{31 \sim 46}{37}$	$\dfrac{1.9 \sim 3.21}{2.9}$
泥岩	18.2	$\dfrac{17.65 \sim 20.66}{18.9}$	$\dfrac{0.19 \sim 0.52}{0.26}$	$\dfrac{1.74 \sim 3.15}{2.79}$	$\dfrac{18.62 \sim 22 \sim 61}{19.3}$	$\dfrac{4.65 \sim 6.20}{5.4}$	$\dfrac{29 \sim 34}{32}$	$\dfrac{1.26 \sim 3.54}{2.2}$

3. 模型建立

1）数值模拟模型

为确定不同围岩结构及地质条件下，复采工作面变形特征、支架适用性及合理工作阻力，以关岭山煤矿 3 号煤层一采区 30102 复采工作面为地质原型建立数值模拟模型。通过设计正交试验方案，模拟确定支架合理工作阻力计算公式。如图 5 - 19、图 5 - 20 所示为物理及数值模型示意图。

5 - 19 所示为物理模型示意图，3 号煤层埋深为 187 m，工作面长 150 m，走向长度为 150 m，回采巷道宽 4 m，高 3 m，根据物理模型及 3 号煤层综合柱状图建立数值模拟模型。

图 5 - 20 所示为数值模拟模型示意图，建立模型：长 × 宽 × 高 = x × y × z = 240 m × 240 m × 100 m。建立煤层厚度为 4.5 m，煤层上方建立 7 层岩层，分别为

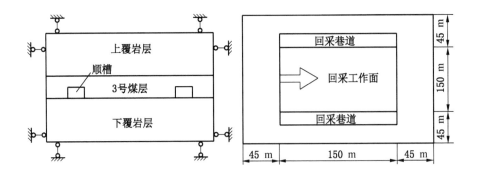

图 5-19　物理模型示意图

3.5 m 灰黑色薄层泥岩、6 m 中粒砂岩、7.5 m 砂质泥岩、4 m 石英砂岩、9.8 m 砂质泥质、6.5 m 石英砂岩、12.5 m 泥岩细砂岩互层。煤层下方建立 7 层岩层，依次为 7.5 m 的灰黑色砂质泥岩、2 m 的灰白 – 浅灰色细粒石英砂岩、3 m 灰 – 深灰色薄层状页岩、1.5 m 灰色燧石石灰岩、11.5 m 粉砂岩、3.5 m 灰岩、18.2 m 泥岩。模型边界条件为：底部固支，限制水平位移和垂直位移，模型四周限制水平位移，顶部施加上覆岩层重力，取重力加速度为 10 m/s^2。

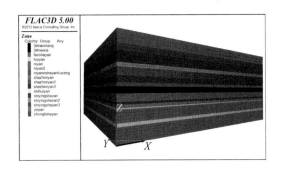

图 5-20　数值模拟模型示意图

2）液压支架模型

图 5-21 所示为液压支架物理模型示意图。因复采区煤层开采方法主要为综采放顶煤的采煤方法，结合复采区实际地质条件，本节模拟选择综放液压支架。为直观得到立柱及支架工作阻力，考虑提高支架通过复采区的稳定性，选择立柱倾角较小的四柱式支承掩护式液压支架，为统一对比分析，各方案直接顶控顶距

均为 5.5 m，支架宽度均为 1.5 m，建立的液压支架立柱长 × 宽 = 0.2 m × 0.2 m，前柱倾角为 4°，后柱倾角为 0°。

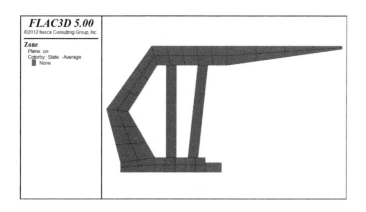

图 5-21 液压支架物理模型示意图

5.3.2 模拟方案及过程

1. 模拟方案

为确定受不同因素影响下，工作面回采过程中，过不同宽度空巷及煤柱时，采场围岩变形特征及支架所需工作阻力，本节以关岭山煤矿 3 号煤层为地质原型，对不同空巷宽度、煤柱宽度、煤层埋深、煤层厚度、割煤高度条件下，采用正交试验法对围岩变形特征及支架工作阻力的大小进行模拟分析，进而确定工作面顶板的合理支护强度，为复采区支架选型提供参考。对上述五因素各取四个水平建立正交试验方案。表 5-3 为支架工作阻力影响因素与水平，表 5-4 为相应的正交试验方案。

表 5-3 支架工作阻力影响因素与水平

因　素		水　平			
		1	2	3	4
1	空巷宽度/m	2	4	6	8
2	煤柱宽度/m	5	10	15	20
3	煤层埋深/m	200	250	300	350
4	煤层厚度/m	6	7	8	9
5	割煤高度/m	2	2.5	3	3.5

表5-4 数值模拟正交试验方案

方案	因 素				
	空巷宽度/m	煤柱宽度/m	煤层埋深/m	煤层厚度/m	割煤高度/m
一	2	5	200	6	2
二	2	10	250	7	2.5
三	2	15	300	8	3
四	2	20	350	9	3.5
五	4	5	250	8	3.5
六	4	10	200	9	3
七	4	15	350	6	2.5
八	4	20	300	7	2
九	6	5	300	9	2.5
十	6	10	350	8	2
十一	6	15	200	7	3.5
十二	6	20	250	6	3
十三	8	5	350	7	3
十四	8	10	300	6	3.5
十五	8	15	250	9	2
十六	8	20	200	8	2.5

2. 模拟过程

①通过数值模拟软件建立长×宽×高 $=x \times y \times z = 240\ m \times 240\ m \times 100\ m$ 的模型,(其中 x 方向为工作面推进方向),根据模型调整煤层厚度及割煤高度,建立16个模拟方案模型和液压支架,考虑岩层平均容重为2.58 kN/m³,给模型上表面施加原岩应力;②初始平衡;③开挖旧空巷并平衡,根据不同方案空巷宽度依次建立5个连续分布空巷与煤柱,为统一对比分析,各方案中取空巷高度与割煤高度相同,空巷出现的位置为工作面初次来压时;④开挖回采巷道;⑤工作面回采并调入液压支架,工作面自开切眼($x = 45\ m$)处回采,开挖5 m后开始放顶煤,开挖步距为1 m,放煤步距为1 m。研究工作面回采过程中,液压支架回采通过空巷时的最大受力,为统一对比分析,初次来压步距以关岭山煤矿30102工作面初次来压步距为准。

5.3.3 模拟结果分析

1. 工作面围岩变形特征分析

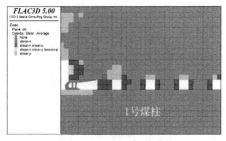

(a) 方案一

(b) 方案二

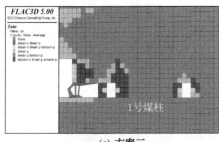

(c) 方案三

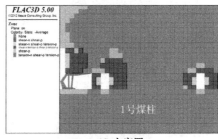

(d) 方案四

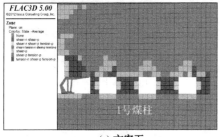

(e) 方案五

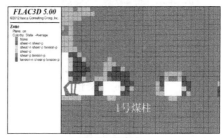

(f) 方案六

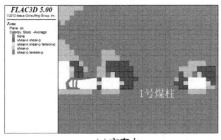

(g) 方案七

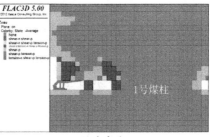

(h) 方案八

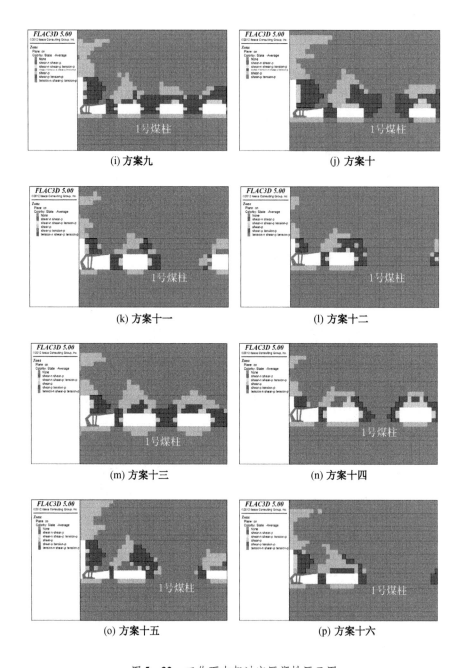

(i) 方案九   (j) 方案十

(k) 方案十一   (l) 方案十二

(m) 方案十三   (n) 方案十四

(o) 方案十五   (p) 方案十六

图 5-22　工作面支架过空区塑性区云图

图 5 – 22 所示为十六个不同方案工作面支架过空区塑性区云图。图中分别显示出工作面支架过空巷过程中支架立柱最大受力时顶底板及煤柱的塑性区云图，方案一到十六回采工作面分别回采至距空巷 3 m、2 m、2 m、2 m、2 m、2 m、1 m、2 m、3 m、3 m、3 m、2 m、2 m、2 m、1 m、2 m 时，支架受力达到最大值，旧空巷不同宽度煤柱分别发生塑性破坏，仅当空巷高度达到 2.5 m 时，5 m 宽煤柱塑性区全部发生贯通。

本次模拟采用五因素四水平进行正交模拟分析，当分析单因素时，对单个因素相同的各个方案的顶板破坏长度取平均值进行分析。

图 5 – 22 旧空巷宽度分别为 2 m、4 m、6 m、8 m 的各方案基本顶超前破坏长度（以支架顶梁后端顶煤开始算起）平均值为 4.25 m、4.5 m、5 m、5.25 m，这说明，随空巷宽度的增加，基本顶超前破坏深度逐渐增加；当煤柱宽度分别为 5 m、10 m、15 m、20 m 时，各方案 1 号煤柱屈服破坏深度占煤柱宽度平均值为 90%、57.5%、41.67%、25%，说明煤柱宽度越大，煤柱屈服破坏比例越小，煤柱宽度为 5 m 时，屈服破坏比例最大，实际回采时需加强支护，防止工作面推过煤柱时，煤柱突然失稳；当割煤高度分别为 2 m、2.5 m、3 m、3.5 m 时，各方案支架顶梁端面稳定性宽度平均值分别为 2.75 m、2.5 m、2.25 m、2 m，说明割煤高度越大，顶梁端面稳定性越差，回采时需严格控制端面的稳定性。

2. 控顶区顶板下沉量分析

图 5 – 23 所示为回采工作面支架过旧空巷时，支架控顶区顶板最大下沉量曲线。最大下沉量均出现在工作面揭露空巷时，此时的下沉量为支架受力最大时（顶板活动稳定时）的下沉量，图中横坐标为支架控顶区后方至煤壁的距离，控顶距为 5.5 m。受旧空巷及煤柱的影响，支架下沉量曲线呈逐渐增大的趋势，即支架顶梁前方煤壁处顶板下沉量较大，支架顶梁中后部顶板下沉量较小。方案一至方案十六支架顶梁后方下沉量依次为 20.43 mm、35.46 mm、48.97 mm、72.33 mm、59.30 mm、28.10 mm、70.95 mm、41.87 mm、56.51 mm、52.26 mm、41.66 mm、50.79 mm、130.98 mm、100.24 mm、31.93 mm、27.81 mm。十六个方案顶板下沉量均小于 200 mm，最大仅为方案十三是 130.98 mm，满足每米采高不宜超过 100 mm 的规定，说明各方案支架的工作阻力能够满足工作面安全生产需要，支架支护质量较好。各方案煤壁处顶板端面下沉量依次为 35.78 mm、63.11 mm、99.36 mm、155.17 mm、135.51 mm、65.33 mm、136.12 mm、100.44 mm、219.90 mm、191.87 mm、76.28 mm、89.39 mm、327.88 mm、165.35 mm、111.05 mm、69.68 mm，十六个方案中仅方案九和十三顶板端面下沉量超过 200 mm，最大达到 327.88 mm，受空巷及煤柱等的影响，虽然支架此时能够保持"底板 – 支架与矸石 – 直接顶 – 基本顶系统"稳定，但可能发生端面冒顶，应对空巷采

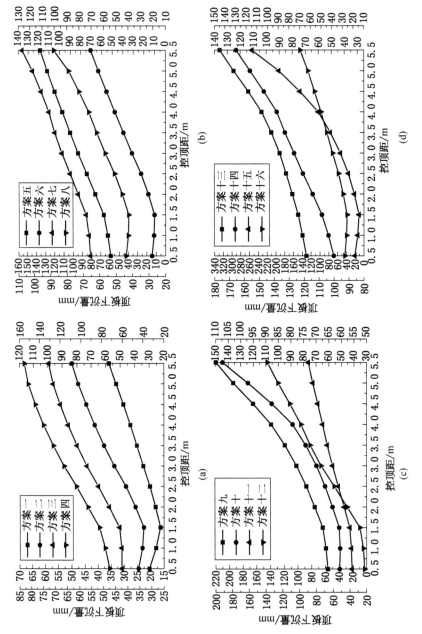

图 5 - 23 支架控顶区顶板最大下沉量曲线

取一定安全技术措施，防止因端面冒顶而引发大面积冒顶或台阶下沉事故。

3. 液压支架载荷分析

为直观研究液压支架工作阻力，建立数值模拟四柱式放顶煤液压支架，前柱倾角为4°，后柱倾角为0°。支架支柱长×宽=0.2 m×0.2 m，模拟结果取工作面回采过程中支架支柱受力最大值作为立柱最大工作阻力。因立柱倾角较小，液压支架为四柱式液压支架，因此考虑支架工作阻力近似为支架立柱最大工作阻力的4倍。

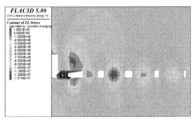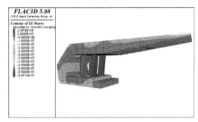

(a) 方案一　支架及围岩应力云图

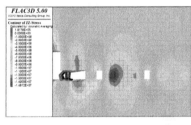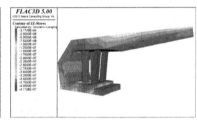

(b) 方案二　支架及围岩应力云图

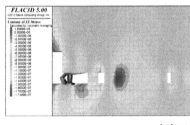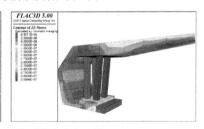

(c) 方案三　支架及围岩应力云图

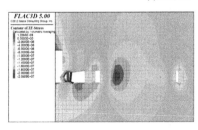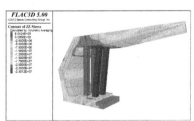

(d) 方案四　支架及围岩应力云图

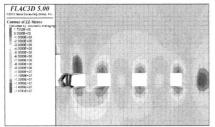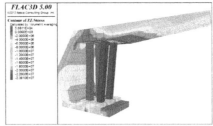

(e) 方案五　支架及围岩应力云图

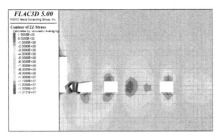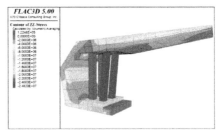

(f) 方案六　支架及围岩应力云图

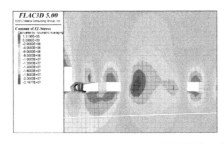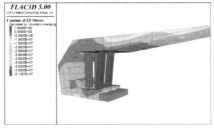

(g) 方案七　支架及围岩应力云图

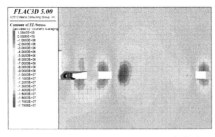

(h) 方案八　支架及围岩应力云图

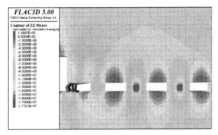 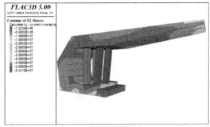

(i) 方案九 支架及围岩应力云图

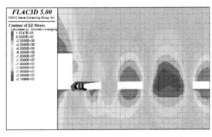 

(j) 方案十 支架及围岩应力云图

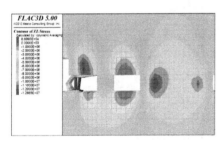 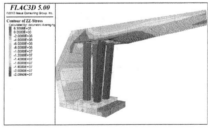

(k) 方案十一 支架及围岩应力云图

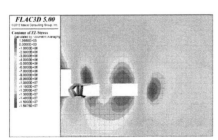 

(l) 方案十二 支架及围岩应力云图

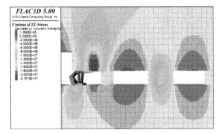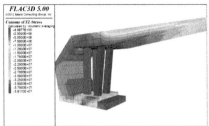

(m) 方案十三　支架及围岩应力云图

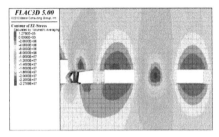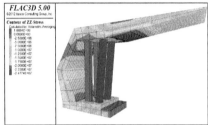

(n) 方案十四　支架及围岩应力云图

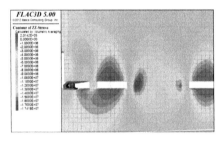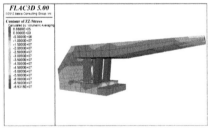

(o) 方案十五　支架及围岩应力云图

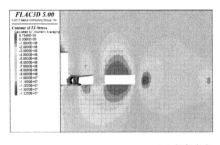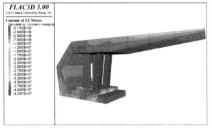

(p) 方案十六　支架及围岩应力云图

图 5-24　工作面支架过空巷应力云图

图 5-24 所示为工作面支架过空巷应力云图。通过模拟研究发现，各方案支架受基本顶来压、空巷等的影响，受力主要集中于前柱，当支架距空巷分别为 3 m、2 m、2 m、2 m、2 m、2 m、1 m、2 m、3 m、3 m、3 m、2 m、2 m、2 m、1 m、2 m 时，支架立柱受力达到最大值，分别达到 56.42 MPa、41.73 MPa、31.00 MPa、24.51 MPa、23.91 MPa、24.82 MPa、51.27 MPa、68.37 MPa、54.41 MPa、77.09 MPa、20.55 MPa、30.04 MPa、39.11 MPa、24.77 MPa、65.32 MPa、42.31 MPa，相应的支架工作阻力分别为 9026.4 kN、6676.16 kN、4959.36 kN、3921.92 kN、3825.6 kN、3971.2 kN、8202.72 kN、10939.36 kN、8706.08 kN、12334.88 kN、3288 kN、4806.72 kN、6257.6 kN、3963.84 kN、10450.4 kN、6769.12 kN。因此，说明随支架的回采及煤柱宽度的减小，煤柱逐渐失去承载能力，上覆岩层的重量由支架、采空区矸石、散煤及空巷前煤柱共同承担。

由于本次数值模拟采用五因素四水平正交试验对支架工作阻力进行分析，当分析单个因素对支架工作阻力的影响时，应对单个因素相同的 4 个方案取均值进行分析。

（1）空巷宽度。方案一～四、五～八、九～十二、十三～十六中各空区宽度分别为 2 m、4 m、6 m、8 m。由图 5-24 数据表明，当空巷宽度为 2 m、4 m、6 m、8 m 时，支架单柱最大受力为 38.41 MPa、42.09 MPa、45.52 MPa、47.65 MPa，支架最大工作阻力为 6145.96 kN、6734.72 kN、7283.92 kN、7624 kN，相应的支架支护强度为 0.82 MPa、0.90 MPa、0.97 MPa、0.99 MPa。这说明支架工作阻力及支护强度随空区宽度的增加而增大，因空区宽度越大，顶板越破碎，工作面支架推进至空巷时，悬露顶板长度增加，基本顶失去煤体的支承易发生超前断裂，造成来压强烈的现象，基本顶岩块的重量全部由支架与采空区煤矸石来承担。

（2）煤柱宽度。表 5-4 中，方案一、五、九、十三中的煤柱宽度为 5 m，方案二、六、十、十四中煤柱宽度为 10 m，方案三、七、十一、十五中煤柱的宽度为 15 m，方案四、八、十二、十六中煤柱宽度为 20 m。图 5-24 数据表明，煤柱宽度分别为 5 m、10 m、15 m、20 m 时，支架单柱最大受力为 43.46 MPa、42.10 MPa、42.03 MPa、41.31 MPa，支架工作阻力分别为 6953.92 kN、6736.52 kN、6725.12 kN、6609.28 kN，相应的支护强度为 0.927 MPa、0.898 MPa、0.897 MPa、0.881 MPa。这说明支架工作阻力及支护强度随着煤柱宽度的增加而减小。随着工作面支架的推进，边界煤柱（工作面与空巷间的煤柱）的宽度越来越小，当边界煤柱的宽度大于其极限失稳宽度时，煤柱对顶板具有一定支承能力，顶板的压力由采空区煤矸石、支架及煤柱共同承担；当边界煤柱宽度达到其临界失稳宽度时，随着宽度的降低，煤柱对顶板的支承力越来越小，顶板的压力由采空区矸石－支架－煤柱支承系统承担转变为由采空区煤矸石－支架共同承担，因此，支架的工作阻力表现为随煤柱宽度的减小而增大的规律。

（3）煤层埋深。表5-4中，方案一、六、十一、十六中的煤层埋深为200 m，方案二、五、十二、十五中的煤层埋深为250 m，方案三、八、九、十四中的煤层埋深为300 m，方案四、七、十、十三中煤层埋深为350 m。图5-24数据表明，煤层埋深为200 m、250 m、300 m、350 m时，支架单柱最大受力为36.02 MPa、40.25 MPa、44.64 MPa、48.00 MPa，支架单柱支护阻力分别为5763.68 kN、6439.72 kN、7142.16 kN、7679.28 kN，相应的支护强度为0.77 MPa、0.86 MPa、0.95 MPa、1.02 MPa。这说明支架工作阻力及支护强度随煤层埋深的增加而增大。在一定埋深范围内，支架工作阻力与煤层埋深呈正相关，因当煤层埋深较浅时，工作面回采造成基岩上表土层发生破坏，因表土层无自承能力，表土层重量全部由基岩承担，若基岩发生破坏，则支架将承担基岩及其上表土层的全部重量，造成支架工作阻力增加，基岩破坏严重时，甚至发生台阶下沉事故，支架被"压死"。当煤层埋深较深时，上覆岩层的重量由主关键层支承，支架只承担关键层下方岩层的重量，因此，支架工作阻力增加速率表现为减缓趋势。

（4）煤层厚度。表5-4中，方案一、七、十二、十四中的煤层厚度为6 m，方案二、八、十一、十三中的煤层厚度为7 m，方案三、五、十、十六中的煤层厚度为8 m，方案四、六、九、十五中的煤层厚度为9 m。图5-24数据表明，煤层厚度为6 m、7 m、8 m、9 m时，支架立柱最大工作阻力为40.62 MPa、42.44 MPa、43.58 MPa、42.27 MPa，支架工作阻力为6499.92 kN、6790.28 kN、6972.24 kN、6762.4 kN，相应的支护强度为0.87 MPa、0.91 MPa、0.93 MPa、0.90 MPa。这说明随煤层厚度的增加，支架工作阻力及支护强度先增加后减小，当煤层厚度小于8 m时，基本顶岩层活动所产生的压力通过煤层及直接顶传递给支架，引起支架工作阻力增大，当煤层厚度增加到一定值（8 m）时，因煤层厚度较大，煤层和直接顶垮落采空区对基本顶支承能力强，且煤层厚度较大，受超前支承压力峰值点前移，煤层与直接顶岩层对基本顶压力传递给支架的效果不明显，支架受基本顶岩块活动影响减弱，支架工作阻力相对减小。

（5）割煤高度。表5-4中，方案一、八、十、十五中的割煤高度为2 m，方案二、七、九、十六中的割煤高度为2.5 m，方案三、六、十二、十三中的割煤高度为3 m，方案四、五、十一、十四中割煤高度为3.5 m。图5-24数据表明，割煤高度为2 m、2.5 m、3 m、3.5 m时，支架单柱最大受力为66.80 MPa、47.43 MPa、31.24 MPa、23.44 MPa，支架支护阻力分别为10687.76 kN、

7588. 52 kN、4998. 72 kN、3749. 84 kN，相应的支护强度为 1. 43 MPa、1. 01 MPa、0. 67 MPa、0. 50 MPa。这说明支架工作阻力及支护强度随割煤高度的增加而减小，支架工作阻力与割煤高度呈负指数关系。

5.3.4 支架工作阻力多因素综合评价分析

通过换算可得支架的工作阻力与支护强度，液压支架控顶距 5.5 m，宽 1.5 m，立柱截面为长×宽 =0.2 m×0.2 m 的正方形，单柱工作阻力 = 立柱应力×立柱面积，四柱支护阻力为 4 倍单柱工作阻力，支架支护强度 = 四柱支护阻力/控顶面积。通过多因素多水平正交试验法综合模拟为不同条件下支架过空巷、煤柱时工作阻力的确定提供基础数据。表 5 - 5 为支架支护阻力计算表。

表 5-5 支架支护阻力计算表

支架参数				单柱		四柱	支架
架宽/ m	控顶距/ m	立柱面积/ m²	控顶面积/ m²	立柱应力/ MPa	工作阻力/ kN	支护阻力/ kN	支护强度/ MPa
1. 5	5. 5	0. 04	8. 25	40	1600	6400	0. 78
1. 5	5. 5	0. 04	8. 25	41	1640	6560	0. 80
1. 5	5. 5	0. 04	8. 25	42	1680	6720	0. 81
1. 5	5. 5	0. 04	8. 25	43	1720	6880	0. 83
1. 5	5. 5	0. 04	8. 25	44	1760	7040	0. 85
1. 5	5. 5	0. 04	8. 25	45	1800	7200	0. 87
1. 5	5. 5	0. 04	8. 25	46	1840	7360	0. 89
1. 5	5. 5	0. 04	8. 25	47	1880	7520	0. 91
1. 5	5. 5	0. 04	8. 25	48	1920	7680	0. 93
1. 5	5. 5	0. 04	8. 25	49	1960	7840	0. 95
1. 5	5. 5	0. 04	8. 25	50	2000	8000	0. 97
1. 5	5. 5	0. 04	8. 25	51	2040	8160	0. 99
1. 5	5. 5	0. 04	8. 25	52	2080	8320	1. 01
1. 5	5. 5	0. 04	8. 25	53	2120	8480	1. 03
1. 5	5. 5	0. 04	8. 25	54	2160	8640	1. 05
1. 5	5. 5	0. 04	8. 25	55	2200	8800	1. 07
1. 5	5. 5	0. 04	8. 25	56	2240	8960	1. 09
1. 5	5. 5	0. 04	8. 25	57	2280	9120	1. 11
1. 5	5. 5	0. 04	8. 25	58	2320	9280	1. 12
1. 5	5. 5	0. 04	8. 25	59	2360	9440	1. 14

表 5 - 5（续）

支 架 参 数				单柱		四柱	支架
架宽/ m	控顶距/ m	立柱面积/ m²	控顶面积/ m²	立柱应力/ MPa	工作阻力/ kN	支护阻力/ kN	支护强度/ MPa
1.5	5.5	0.04	8.25	60	2400	9600	1.16
1.5	5.5	0.04	8.25	61	2440	9760	1.18
1.5	5.5	0.04	8.25	62	2480	9920	1.20
1.5	5.5	0.04	8.25	63	2520	10080	1.22
1.5	5.5	0.04	8.25	64	2560	10240	1.24
1.5	5.5	0.04	8.25	65	2600	10400	1.26
1.5	5.5	0.04	8.25	66	2640	10560	1.28
1.5	5.5	0.04	8.25	67	2680	10720	1.30
1.5	5.5	0.04	8.25	68	2720	10880	1.32
1.5	5.5	0.04	8.25	69	2760	11040	1.34
1.5	5.5	0.04	8.25	70	2800	11200	1.36

由图 5 - 25 ～ 图 5 - 29 可知，不同方案下，空巷宽度与支架工作阻力及支护强度符合较好的线性关系，拟合曲线的相关系数 R^2 为 0.9866；煤柱宽度与支架工作阻力及支护强度符合较好的对数关系，拟合曲线的相关系数 R^2 为 0.9404；煤层埋深、煤层厚度与支架工作阻力及支护强度符合较好的多项式关系，拟合曲线的相关系数 R^2 分别为 0.9991、0.9646；割煤高度与支架工作阻力及支护强度符合较好的指数函数关系，拟合曲线的相关系数 R^2 为 0.9955。这说明支架工作阻力与空巷宽度、煤柱宽度、煤层埋深、煤层厚度及割煤高度具有极强的相关性，可进行多元线性回归分析，假设多元线性回归方程为：

$$F = A + BW_1 + CX_1 + DY_1 + EY_2 + FZ_1 \tag{5 - 38}$$

$$W_1 = l \tag{5 - 39}$$

$$X_1 = \ln B \tag{5 - 40}$$

$$Y_i = H_i^2 + H_i \tag{5 - 41}$$

$$Z_1 = e^{-0.712h} \tag{5 - 42}$$

式中，F 为支架工作阻力；l 为空巷宽度；B 为煤柱宽度；H_1 和 H_2 分别为煤层埋深、煤层厚度；h 为割煤高度；A、B、C、D、E、F 为待求系数。

将模拟数据结果代入式（5 - 38）～式（5 - 42）中进行线性回归得式（5 - 43）：

$$F = -1181.38 + 134.602l - 231.959\ln B + 0.023(H_1^2 + H_1) + 5.65(H_2^2 + H_2) + 44730.6e^{-0.712h} \tag{5 - 43}$$

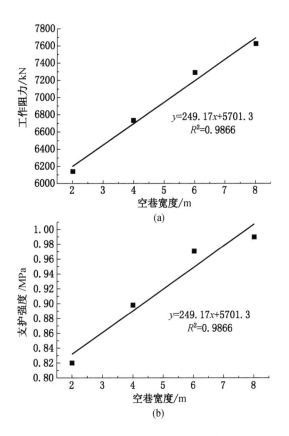

图 5-25　空巷宽度与支架工作阻力（强度）的关系曲线

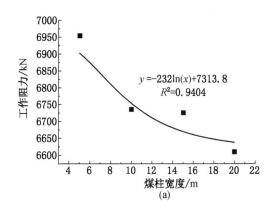

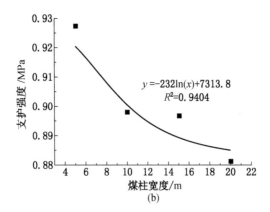

(b)

图 5 – 26 煤柱宽度与支架工作阻力（强度）的关系曲线

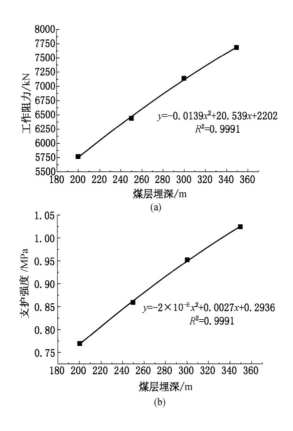

(a)

(b)

图 5 – 27 煤层埋深与支架工作阻力（强度）的关系曲线

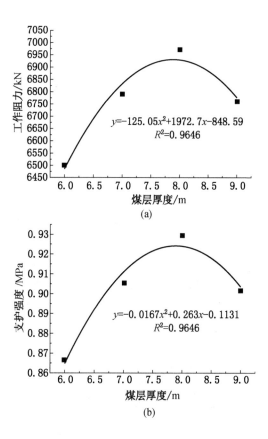

图 5-28　煤层厚度与支架工作阻力（强度）的关系曲线

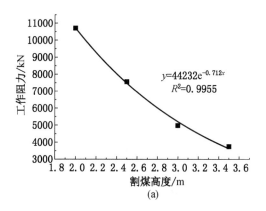

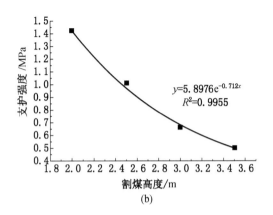

(b)

图5-29 割煤高度与支架工作阻力（强度）的关系曲线

对方程进行显著性判断，方程的 $F = 126.3426$，显著性水平 $p = 1.06e^{-8}$（$p < 0.05$），表明存在真实的五元二次线性回归方程，用该方程可对复采综放工作面支架工作阻力进行预测。代入关岭山煤矿相关参数，计算可得支架工作阻力为 5477 kN，表 5-6 为线性回归方差分析结果。

表5-6 线性回归方差分析表

变异来源	平方和	自由度	均方	F 值	显著水平 p
回归分析	5	1.23×10^8	24571754	126.3426	1.06×10^{-8}
残差	10	1944851	194485.1		
总计	15	1.25×10^8			

为判断各因素对复采综放工作面支架工作阻力影响显著程度和主次顺序，引入极差分析法，各因素对支架工作阻力影响的极差为各参数下支架工作阻力最大值和最小值之差。

空巷宽度：$l = 7624 - 6145.96 = 1478.04$（m）

煤柱宽度：$B = 6953.92 - 5509.28 = 1444.64$（m）

煤层埋深：$H_1 = 7142.16 - 5763.68 = 1378.48$（m）

煤层厚度：$H_2 = 6790.28 - 6499.92 = 290.36$（m）

割煤高度：$h = 5144.16 - 3749.84 = 1394.32$（m）

通过极差分析法确定各因素影响大小排序为：空巷宽度 > 煤柱宽度 > 割煤高度 > 煤层埋深 > 煤层厚度。

5.4 复采工作面支架选型研究

5.4.1 液压支架架型的确定

1. 来压步距计算

载荷计算公式：

$$(q_n)_1 = \frac{E_1 h_1^3 (\gamma_1 h_1 + \gamma_2 h_2 + \cdots + \gamma_n h_n)}{E_1 h_1^3 + E_2 h_2^3 + \cdots + E_n h_n^3} \tag{5-44}$$

结合表 5-3 中各岩层的物理力学参数，对各岩层的载荷计算如下：

1）各岩层载荷计算

（1）第一层岩层载荷计算。

第一层本身的载荷 q_1 为

$$q_1 = \gamma_1 h_1 = 23.1 \times 3.5 = 80.85 \ (\text{kPa})$$

第二层对第一层的作用为

$$(q_2)_1 = \frac{E_1 h_1^3 (\gamma_1 h_1 + \gamma_2 h_2)}{E_1 h_1^3 + E_2 h_2^3} = \frac{8.9 \times 3.5^3 \times (23.1 \times 3.5 + 25.8 \times 6)}{8.9 \times 3.5^3 + 12.83 \times 6^3} = 28.52 \ (\text{kPa})$$

说明第二层岩层对第一层载荷不起作用，可视为关键层，记 q_1 为 80.85 kPa。

（2）第二层岩层载荷计算。

第二层本身的载荷 q_2 为：

$$q_2 = \gamma_2 h_2 = 25.8 \times 6 = 154.8 \ (\text{kPa})$$

第三层对第二层载荷的计算：

$$(q_3)_2 = \frac{E_2 h_2^3 (\gamma_2 h_2 + \gamma_3 h_3)}{E_2 h_2^3 + E_3 h_3^3} = \frac{12.83 \times 6^3 \times (25.8 \times 6 + 24.5 \times 7.5)}{12.83 \times 6^3 + 10.25 \times 7.5^3} = 133.1 \ (\text{kPa})$$

说明第三层岩层对第二层载荷不起作用，第二层上方没随动岩层，记 q_2 为 154.8 kPa。

（3）第三层岩层载荷计算。

第三层本身的载荷 q_3 为：

$$q_3 = \gamma_3 h_3 = 24.5 \times 7.5 = 183.75 \ (\text{kPa})$$

第四层对第三层载荷的计算：

$$(q_4)_3 = \frac{E_3 h_3^3 (\gamma_3 h_3 + \gamma_4 h_4)}{E_3 h_3^3 + E_4 h_4^3} = \frac{10.25 \times 7.5^3 \times (24.5 \times 7.5 + 25.8 \times 4)}{10.25 \times 7.5^3 + 2.75 \times 4^3} = 275.73 \ (\text{kPa})$$

第五层对第三层载荷的计算：

$$(q_5)_3 = \frac{E_3 h_3^3 (\gamma_3 h_3 + \gamma_5 h_5)}{E_3 h_3^3 + E_5 h_5^3} = \frac{10.25 \times 7.5^3 \times (24.5 \times 7.5 + 25.5 \times 9.8)}{10.25 \times 7.5^3 + 13.25 \times 9.8^3} = 111.65 \ (\text{kPa})$$

说明第五层岩层对第三层载荷不起作用，记 q_3 为 275.73 kPa。

2）各层初步垮落步距

$$L_1 = h \sqrt{\frac{2R_T}{q_1}} = 17.92 \text{ m}$$

$$L_2 = h \sqrt{\frac{2R_T}{q_2}} = 41.76 \text{ m}$$

$$L_3 = h \sqrt{\frac{2R_T}{q_3}} = 32 \text{ m}$$

因此，基本顶为厚度为 6 m 的中粒砂岩，初次来压步距为 41.76 m。

3）基本顶周期来压步距

周期来压步距按悬臂梁计算，垮落步距如下：

$$l_1 = h_1 \sqrt{\frac{\sigma_1}{3q_1}} = 3.5 \sqrt{\frac{1.06 \times 10^6}{3 \times 80.85 \times 10^3}} = 7.31$$

$$l_2 = h_2 \sqrt{\frac{\sigma_2}{3q_2}} = 6 \sqrt{\frac{3.75 \times 10^6}{3 \times 154.8 \times 10^3}} = 17.05$$

因此，基本顶岩层的周期垮落步距为 17.05 m。

2. 架型确定

通过计算得知直接顶初次来压步距（l）为 17.92 m，根据表 5 - 7 可知，直接顶属于二类中等稳定顶板，一般可以随着底层开采推进和顶煤的放出而冒落。

基本顶初次来压步距（L_p）为 41.76 m。N 为直接顶充填系数，$N = h_i / h_m = 1.4$，h_i 为直接顶厚度，h_m 为煤层采高。根据表 5 - 8 可知，基本顶属于二类中等稳定顶板。

表 5 - 7　直 接 顶 级 别

指　　标		I	II	III	IV	
		不稳定顶板	中等稳定顶板	稳定顶板	坚硬顶板	
主要指标	强度指数 D_1	$l = 3$	$l = 3.1 \sim 7$	$l = 7.1 \sim 12$	$l > 12$	基本顶层厚 $2 \sim 5$ m 以上 $\sigma > 60 \sim 80$
参考指标	直接顶初次跨距 l / m	$l \leqslant 8$	$l = 9 \sim 18$	$l = 19 \sim 25$	$l > 25$	

表 5 - 8　基 本 顶 级 别

基本顶级别	I	II	III	IV
基本顶来压	不明显	明显	强烈	极强烈
指标	$N = 3 \sim 5$	$0.3 < N \leqslant 3 \sim 5$ $L_p = 25 \sim 50$	$0.3 < N \leqslant 3 \sim 5$　$L_p > 50$ $N \leqslant 0.3$　$L_p = 25 \sim 50$	$N \leqslant 0.3$ $L_p > 50$

由表 5-9 可知，关岭山煤矿 3 号煤直接顶与基本顶均属于二类中等稳定顶板，支架应选择掩护式或支撑掩护式液压支架。

表 5-9 支架架型确定

基本顶级别	I			II			III				IV
直接顶类别	1	2	3	1	2	3	1	2	3	4	4
液压支架架型	掩护	掩护	支撑	掩护	掩护或支掩	支撑	支掩	支掩	支撑或支掩		支撑（采高<2.5 m）支掩（采高>2.5 m）

支架架型的选择要考虑顶板类型、地质条件及矿压显现规律，同时考虑巷道断面及通风等因素。目前，国内最常使用的支架架型为两柱掩护式和四柱支撑掩护式。其中，四柱支撑掩护式支架发展时间长，应用成熟。考虑在复采区，受小煤矿采用落后采煤法不规则开采的影响，煤岩结构复杂，旧空区内存在大量的空巷、空区、冒顶区，这些结构依次出现，交互影响，造成复采区矿压显现复杂异常，煤壁片帮及端面冒顶难以控制，给工作面顺利推进带来极大的困难。由于两柱掩护式支架存在对顶板适应性及控顶能力差，带压移架困难，推进速度慢等缺点，因此针对关岭山煤矿的旧空巷多、支架稳定性要求高的具体情况，应选择适应能力较强的四柱支撑掩护式液压支架。

5.4.2 液压支架工作阻力适用性研究

1. 模拟方案及过程

模型建立见 5.3 节，模拟复采工作面回采过程中遇见空巷时不同支架支护阻力下，工作面围岩及煤柱的稳定性。因初次来压步距为 41.76 m，因此空巷出现位置为 $x=87$ m，开切眼位置为 $x=45$ m，空巷参数为长×高 $=8×2.5$ m，根据 5.3 节选取复采工作面支架的支护阻力分别为 5000 kN 和 5500 kN。为使工作面受力恒定，以施加面力的方式支护顶板，控顶距为 5.5 m。因工作面回采过程中，在工作面揭露空巷时，围岩变形最为严重，因此出图位置为工作面揭露空巷时。

目前，放顶煤开采最大最小机采高度为 1.5～4.3 m，一般认为煤质中硬以下时，采放比应以 1：1～1：2.4 为宜。因关岭山煤矿煤层平均厚度为 4.5 m，考虑合理采放比及复采区地质条件的复杂性，因此确定割煤高度为 1.5～2.2 m，考虑支架顶梁的厚度及通风行人的要求，取割煤高度为 2.5 m，放煤高度为 2 m，采放比为 1：0.8。

2. 模拟结果分析

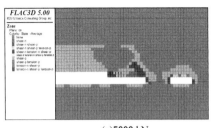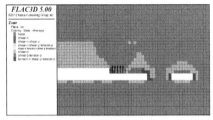

(a)5000 kN   (b)5500 kN

图 5-30 工作面塑性区云图

图 5-30 所示为复采工作面揭露空巷时塑性区云图。当采用 5000 kN 支架回采时，工作面控顶区顶板 2 m 顶煤发生塑性破坏，端面冒顶严重，9 m 宽煤柱有 7 m 发生塑性破坏，受空巷影响，空巷顶板 2 m 顶煤、3.5 m 直接顶及 6 m 基本顶全部发生塑性破坏，形成冒顶区范围较大，说明支护阻力不足，不能够保证顶板的安全稳定。当采用 5500 kN 支架回采时，工作面控顶区顶板较为完整，仅支架控顶区后方顶板 2 m 范围发生塑性破坏，9 m 宽煤柱仅有 5 m 发生塑性破坏，受空巷影响，空巷顶板 2 m 顶煤和 3.5 m 直接顶全部发生塑性破坏，6 m 基本顶仅有 2 m 发生塑性破坏，形成冒顶区范围较小，说明此支护阻力能够保证回采过程顶板的稳定性。

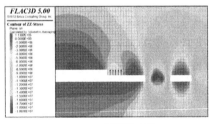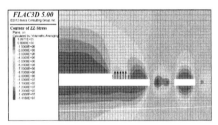

(a)5000 kN   (b)5500 kN

图 5-31 工作面应力云图

图 5-31 所示为复采工作面揭露空巷时应力云图。当采用 5000 kN 支架回采时，工作面控顶区内顶板应力扩散范围小，顶煤 2 m 范围内应力值达到 5 MPa，基本顶 3 m 范围内应力值达到 4 MPa，说明控顶区顶板发生破坏，应力释放，空巷顶板应力值为 1 MPa 范围为 4.5 m，冒顶区范围大，煤柱应力集中系数为 3.9，

煤柱承载顶板压力增大，说明顶板破坏严重，煤柱动载失稳可能性增大。当采用5500 kN 支架回采时，工作面控顶区内顶板应力扩散范围大，顶煤 2 m 范围内应力值达到 6 MPa，基本顶 3 m 范围内应力值达到 5 MPa，应力较高，说明顶板维护稳定，空巷顶板应力值为 1 MPa 范围为 3.5 m，冒顶范围小，煤柱应力集中系数为 2.9，煤柱具有一定承载能力，说明在此支护强度下，顶板稳定，但为了保证安全，减小端面冒顶及煤壁片帮的潜在影响，减小煤柱发生冲击倾向的概率，实际回采过程中需对 8 m 旧空巷做充填处理。

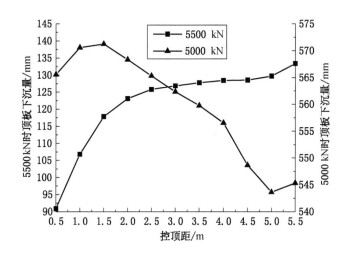

图 5 - 32　不同支护阻力顶板下沉量曲线

图 5 - 32 所示为复采工作面揭露空巷时控顶区顶板下沉量曲线。当采用5000 kN 支架回采时，顶板下沉量最大处出现在控顶区后方采空区处，达到565.56 mm，控顶区前方煤壁处为 545.33 mm，按照每米下沉量不超过 100 mm 的经验规定，此支护阻力无法满足要求。当采用 5500 kN 支架回采时，顶板下沉量最大处出现在控顶区前方煤壁处，达到 133.39 mm，控顶区后方采空区处仅为90.86 mm，说明顶板维护稳定，该支护阻力能够满足顶板控制要求。

通过模拟对比分析确定当支架工作阻力为 5500 kN 时，能够满足工作面安全回采的要求，因此选择 ZFS5600 - 16/32 型液压支架能够保证关岭山煤矿生产安全。

5.5　本章小结

本章主要对残煤复采综放工作面支架失稳原因及机理、影响支架工作阻力的主要因素进行分析，通过建立"支架－围岩"关系的力学模型，分析残煤复采综放工作面液压支架的工作阻力，并采用数值模拟的方法对复采采场围岩的变形特征及支架的受力特征进行分析研究，进而对残煤复采综放工作面液压支架工作阻力适用性进行研究。主要研究结论如下：

（1）综放工作面支架事故类型分为推跨型事故和压垮型事故，发生原因可分为：①采场顶板局部冒顶引起的支架失稳；②直接顶运动引起的支架失稳；③基本顶断裂引起的支架失稳。

（2）残煤复采综放工作面支架工作阻力影响因素可分为：①开采技术因素（主要为煤柱宽度、空巷宽度、高冒区）；②地质因素（煤层埋深、厚度、强度、倾角、地质构造）；③其他因素（开采工艺、操作质量）。

（3）通过对残煤复采工作面与实体煤工作面基本顶岩块断裂过程进行分析得到：空巷宽度与煤柱让压变形是影响基本顶断裂的主要因素，同时煤柱让压变形是导致采场围岩运移及应力演化的主要因素；空巷是超前大断裂产生的主要原因，基本顶极限破断长度等于空巷宽度、煤柱宽度、工作面煤壁后方悬顶长度之和，且工作面煤壁后方悬顶长度达到其周期来压步距。

（4）建立复采工作面过煤柱、空巷支架围岩相互作用力学模型，得出相应的支架工作阻力计算公式分别为：

$$P = V - T\tan\left(JRC\lg\frac{GHJCS}{T} + \varphi_b + \beta - \frac{\pi}{2}\right) + \gamma_2 M_2 \cdot ab + \gamma_1 \sum h \cdot ab$$

$$P = \frac{A + 4x}{3A + 2x}(Q + R_1)$$

将关岭山煤矿相关参数代入计算公式，得出复采工作面过煤柱时支架工作阻力为 5387 kN，过空巷时支架工作阻力为 4994 kN。

（5）研究结果表明，当工作面前方煤柱宽度为 2～3 m 时，支架工作阻力达到最大值。随煤柱宽度的增加，煤柱屈服破坏宽度占煤柱宽度的比例减小，仅当割煤高度达到 2.5 m 时，受采动影响，工作面前方宽度小于 5 m 的煤柱均发生塑性破坏，实际回采过程中需对 5 m 及以下煤柱群充填加固，防止发生煤柱失稳的"多米诺"效应；随空巷宽度的增加，基本顶超前破坏长度逐渐增大；随割煤高度的增加，顶梁端面稳定性变差。

（6）支架工作阻力与空巷宽度、煤层埋深呈正相关，与煤柱宽度、割煤高度呈负相关；当煤层厚度小于 8 m 时，工作阻力与煤层厚度呈正相关，当煤层厚度大于 8 m 时，工作阻力与煤层厚度呈负相关。各因素对支架工作阻力影响顺序为空巷宽度＞煤柱宽度＞割煤高度＞煤层埋深＞煤层厚度。

（7）根据模拟结果进行多元线性回归分析，得到复采综放工作面在空巷宽度、煤柱宽度、煤层埋深、煤层厚度及割煤高度影响下，支架工作阻力计算公式：

$$F = -1181.38 + 134.602l - 231.959\ln B + 0.023(H_1^2 + H_1) +$$
$$5.65(H_2^2 + H_2) + 44730.6e^{-0.712h}$$

通过综放工作面支架工作阻力计算公式计算得出，关岭山煤矿支架工作阻力为 5477 kN。

6 残煤复采采场围岩综合控制技术

由前面章节可知，对于复采工作面过平行或小角度斜交于工作面的旧巷时，复采工作面围岩控制主要包括两个方面：一是控制超前大断裂的产生及顶板断裂后基本顶关键块的稳定；二是控制煤壁片帮及端面冒漏。从影响复采工作面围岩运动的几个因素可以看出，复采采场围岩力学结构不再是一般意义上的支架、煤壁及采空区矸石共同作用的力学系统，而是工作面支架、旧巷前方煤体、煤柱及采空区矸石共同作用的力学系统。如果能采用合理的处置方式控制超前大断裂的产生，基本顶按回采实体煤时的规律断裂无疑是复采工作面围岩控制最希望看到的效果；同时要控制煤壁片帮和端面冒漏，可以有效地降低采场来压时对支架稳定性的影响，保证工作面的安全生产。根据前面章节的研究结果，提出了特定条件下残煤复采采场围岩控制方案。

6.1 改变旧采采场顶板断裂规律的围岩控制技术方案

改变残煤复采采场顶板的断裂规律，其实质是改变顶板的支承压力分布规律。由第四章研究结果表明，顶板岩梁断裂时，伴随着支承压力在断裂线附近的集中，也就是说，顶板的支承压力集中是顶板岩梁断裂的诱因。通过分析采场顶板的运动规律及其应力分布特征可知，顶板应力分布规律的改变主要有两种方式：①改变旧采区顶板的支撑体系；②转移并降低顶板支承压力集中的位置及其荷重集度。

1. 改变旧采区顶板的支撑体系

改变旧采区顶板的支撑体系，实质是对残留旧巷进行采前支护，旧巷的支护也不再是一般意义上巷道支护，而是作为采场支护的一部分进行统一考虑。其目的是改变采场围岩应力分布规律，使得残煤复采采场围岩应力分布特征尽可能地与实体煤开采一致。根据旧巷的赋存结构提出了两种采前处置方案：

（1）对于断面较小且围岩稳定的空巷，采用单体液压支柱配合联锁木垛支护，如图 6 - 1 所示。

断面较小的空巷是指旧采时遗留在采空区内未被刷扩的巷道，巷道宽度小于4 m，高度不超过 3 m，此类巷道围岩稳定性较好。在掘进揭露空巷之后，采用单体液压支柱配合联锁木垛对空巷进行支护。在空巷距离两巷帮 200 mm 内各支

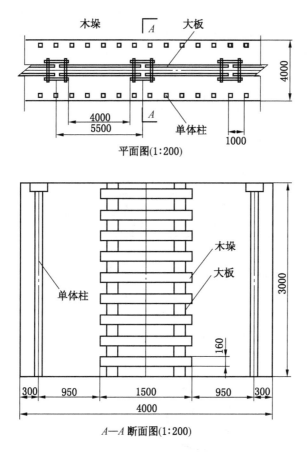

平面图(1:200)

A—A断面图(1:200)

图6-1 空巷单体柱配合联锁木垛支护图

设一排单体支柱，排距1.0 m；并每间隔4 m加打一木垛，木垛间用5 m大板联锁。

（2）对于断面较大或围岩失稳的旧巷采用采前充填支护。目前，我国充填技术有不同的分类方法，按照充填位置分类，包括采空区充填、冒落区充填和离层区充填；按照充填量划分，包括全部充填和部分充填；按照充填动力分类，包括自溜充填、风力充填、机械充填和水力充填；按照充填物质分类，包括水砂充填、干式充填、膏体充填和高水充填等。从经济性和充填体的强度考虑，旧采遗留巷道最优的充填材料为高水材料。高水材料由 A、B 两种材料组成并配以复合超缓凝分散剂（又称外加剂 AA）构成，二者以 1∶1 比例配合使用。高水材料具有早强快硬、流动性好、初凝时间可调、体应变小及不适于在干燥、开放及高温环境中使用等特点。高水材料固结体抗压强度可根据水体积和外加剂配方的不同而进行调节，且能实现初凝时间在8~90 min 范围内按需调整，不同水灰比高水材料单轴抗压强度见表6-1。

表6-1　高水材料单轴抗压强度

水灰比	高水材料用量/（kg·m⁻³）	水用量/（kg·m⁻³）	单轴矿压强度/MPa		
			1 d	7 d	28 d
1.5	542	813	9.14	10.36	11.51
2	426	850	6.26	7.92	8.7
2.25	385	866	4.74	6.19	7.08
2.5	352	880	3.97	5.08	5.44

　　高水材料是一种非常好的充填材料，其充填系统示意图如图6-2所示。浆液制备系统可置于井下，也可在地面。生产出的高水材料浆液进入缓冲池，待A、B缓冲池分别储存一定量的单料浆液后，同时开启A、B柱塞泵，经专用管路将A、B浆液输送到充填点。将高水材料混合浆液保持在充填点可控时间内凝固，凝固后的固结体支撑顶板。

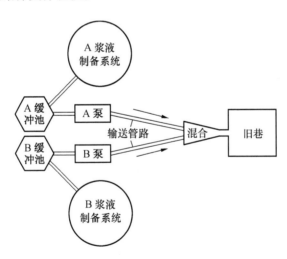

图6-2　高水材料充填系统示意图

　　在采掘活动中，以上两种方法的适用条件分别是：当旧巷宽度较小且高度小于采高的旧巷揭露时，在保证安全及人员能够进出的前提下，采用单体液压支柱配合联锁木垛进行支护；若旧巷高度较高、存在顶板安全隐患或者人员无法进入的旧巷及旧巷宽度较大并发生冒顶，且冒落体未充满垮落空间，顶板处于悬露状态时，采用高水材料充填处置旧巷。

（3）工作面调斜。当工作面前方冒顶区域走向长度大，并且冒顶走向与工作面近似平行时，如果工作面平行推进，可能发生一次揭露冒顶区域过大，使得工作面上方出现大面积空顶、瓦斯超限、支架移架困难等问题，严重威胁工作面的生产安全。针对这种情况，从减小一次揭露冒顶区范围出发，可选择工作面调斜通过冒顶区。

（4）工作面整体漂高，沿煤层顶板回采过冒顶区。若工作面必须过冒顶区，但因冒顶空间大，注浆效果不佳，无法控制底部冒落煤岩体，则可以选择工作面整体漂高通过高冒区的方法，这有利于工作面及回采巷道顶板管理。

（5）工作面另开切眼法。若工作面前方冒顶区域大，充填成本高，技术复杂难以实现，动压影响强烈，强行通过危险性大，则可以选择另开切眼法。

2. 转移并减弱顶板应力集中的位置及应力集中系数

通过前面分析可知，残煤复采采场上覆岩层断裂特征呈不规律性，且发生顶板岩梁超前断裂时极易发生顶板事故，因此提出采用爆破预裂顶板的方式转移并减弱顶板应力集中的位置和应力集中系数。

（1）爆破预裂顶板位置的选取。

由顶板超前断裂的力学机理可知，当煤柱达到临界宽度 W^* 时，煤柱开始弹性变形，促使顶板沿应力集中线断裂（即顶板悬臂梁的固支端）。由此可以确定爆破预裂顶板应取大于或等于距旧巷巷帮 $W^*/2$ 处的顶板位置，如图 6-3 所示。其原理为当工作面推进至煤柱的临界宽度时，煤柱开始弹性变形促使顶板沿预裂的位置回转并形成岩梁的铰接结构，使得煤柱中的压力发生转移而下降，煤柱反弹仍具有支撑能力；如若煤柱开始失稳而顶板未发生回转，顶板易发生切顶下沉，使得支架的载荷急剧增大。

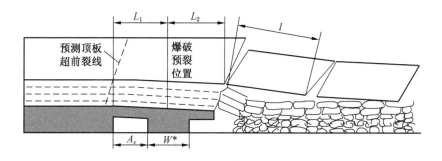

图 6-3　爆破预裂顶板断裂线位置的确定

由上述分析表明，使用爆破预裂顶板时应满足 $L_1 = A_x + W^*/2 < l$，式中 A_x 为旧巷宽度；W^* 为煤柱临界宽度；l 为顶板周期断裂步距。当顶板沿爆破预裂位置断裂后，前方悬臂的顶板由其自承能力控制而不发生断裂，此时支架的受力情况与实体煤开采相似，可以保证支架的稳定性。由顶板、煤柱、采空区矸石及支架的相互作用可知，采用爆破预裂顶板改变顶板断裂时，应采取有效的措施防止端面冒漏，造成支架空顶，使得支架受力不均或支架无法前移。

（2）爆破预裂钻孔的布置方式。

在工作面的两个顺槽距离爆破预裂顶板断裂线后方 5 m 处各布置一组爆破钻孔。钻孔的个数依据工作面长度确定，保证炮孔终孔之间的距离小于 20 m，即每组爆破钻孔呈扇形布置，钻孔深度和角度根据煤层、直接顶和基本顶的总厚度确定，并且要保证每个爆破钻孔终孔距离基本顶上表面的距离小于 3 m，且终孔均位于爆破预裂顶板断裂线上，如图 6-4 所示。

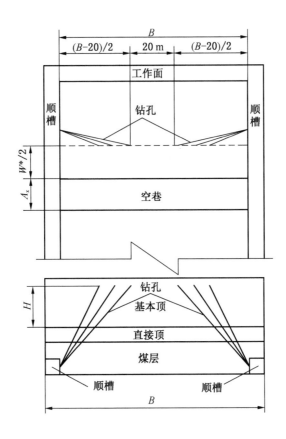

图 6-4 爆破预裂顶板钻孔的布置方式

（3）装药量计算。

一般认为，在预裂爆破中，炮孔壁不被压坏，主要与岩石的抗压强度有关，炮孔之间形成裂缝又主要与岩石的抗拉强度有关。据预裂爆破装药密度与岩石硬脆性质的关系，引出装药密度计算式：

$$Q = A \cdot K \tag{6-1}$$

式中 A——与岩石抗压强度、孔径、孔距等相关的线装药密度值，g/m；

   K——岩石脆性系数，$K = R_T/R_c$，其中 R_T 为岩石抗拉强度，MPa，R_c 为岩石抗压强度，MPa。

目前，不同的预裂爆破装药量计算公式从实质上看，有些计算法的理论依据有缺陷（如费申柯等提出的计算方法），有些虽然理论依据比较充分，但计算中的很多数值变幅很大，一般工程也难以试验确定，使得其推广应用受到限制。鉴于上述原因，根据经验计算公式且经实践检验，式（6-1）中的 A 值仍采用计算式 $A = 0.36R_c^{0.63}a^{0.67}$ 进行计算，为便于导出修正指数 a，用 10K 作为岩石脆性基数，所以：

$$Q = 0.36R_c^{0.63}a^{0.67}(10K)^{3.7} \tag{6-2}$$

式中 Q——线装药密度值，g/m；

   R_c——岩石饱和极限抗压强度（100 MPa）；

   a——孔距，cm；

   K——岩石脆性系数，$K = R_T/R_c$，取 $K = 0.081$，无量纲。

综上所述，首先根据煤层、直接顶和基本顶的总厚度确定钻孔深度，然后根据式（6-2）确定每个钻孔的装药量。

6.2　旧采采场煤壁片帮及端面冒漏的围岩控制技术方案

根据残煤复采煤壁片帮及端面冒漏发生的机理，确定不论旧采旧巷与工作面呈何种相互关系，残煤复采控制煤壁片帮和端面冒漏主要有以下 3 种方式：

1. 钢钎撞楔法

以钢钎（图 6-5）充当为撞楔法中的"楔"，即为钢钎撞楔法，属于撞楔法的一种。用一定规格的钢钎强行超前插入破碎带中，以控制破碎围岩移动，同时工作面支架给其一个挤压作用，在其掩护下通过冒顶区域。钢钎使用范围为复采工作面位于大面积的破碎带内，不存在应力集中的区域。钢钎撞楔法中起主要

图 6-5　钢钎示意图

作用的是钢钎的梁效应，穿设的钢钎形成一个梁式结构，先行支护围岩，使得钢钎上方的围岩形成一个整体，把围岩扰动控制在最小范围之内。如图6-6所示是钢钎的梁效应图。

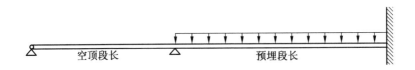

空顶段长　　　　　　　　预埋段长

图6-6　钢钎的梁效应图

钢钎由于其前端的"尖状"特征，使其更容易穿入迎头前方围岩中，根据冒顶区范围及围岩破碎情况，钢钎长度可取2.5～5 m不等，间距一般为750 mm，为保证强度，钢钎直径一般要大于30 mm。

在工作面煤壁松散段的支架顶梁与煤壁的交接处打眼，眼孔垂直工作面煤壁布置并上仰10°～15°，眼深为3 m，眼孔直径为35 mm，每个支架前方打眼2个，眼间距为0.75 m，拔出钻杆后，及时将钢钎插入以控制顶板破碎煤矸，必要时加挂铁丝顶网，如图6-7所示。

2. 注浆加固法

注浆加固法主要利用浆液和散落的煤岩体反应后产生的固化胶结作用、充填介质作用和增强抗压作用。渗透于冒顶区内破碎煤岩体的浆液将其固化黏结为一个整体，最大限度地修复顶板的连续性，保持力的传递，降低了基本顶突然断裂和冲击的风险。浆液在冒顶区固化后极大地提高了冒落体强度，使采场受力均衡，降低了支架承受载荷，缓和了采场矿山压力显现。与此同时，加固材料具有的胶粘特性可以有效地封堵岩石渗水通道，减小冒顶区内渗水，改善作业环境，注入的加固材料充满冒顶区内空间，最大限度地驱替了瓦斯等有害气体的积聚。

加固材料目前可以分为两大类：水泥类浆液和化学类浆液。考虑复采工作面回采至冒顶区时能快速通过，必然要求充填材料具有膨胀性好、膨胀速度快、达到强度时间短的特点，综合比较各种注浆材料，圣华煤业采用罗克休注浆材料对冒落区进行充填。

罗克休泡沫由树脂和催化剂组成，具有高膨胀性，膨胀后体积为原体积的25～30倍，泡沫反应迅速，常温下20～30 s可反应完毕，20 min硬化后抗压强度为0.2 MPa左右，能临时阻止冒顶区周边围岩的运动。其产品性能见表6-2、表6-3。

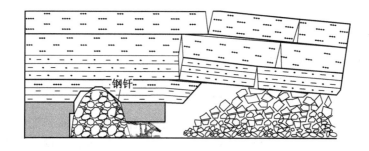

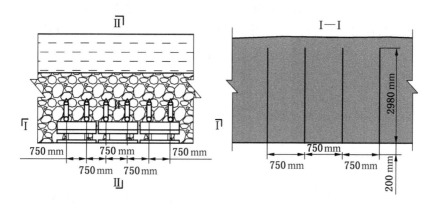

图6-7 工作面过冒顶区时钢钎布置示意图

表6-2 罗克休基本成分技术数据表

基 本 成 分	树 脂	催 化 剂
20℃时的密度/(g·m⁻³)	1.2	1.3
混合率（体积比）	4	1
混合比例（体积比）	1	1

表6-3 罗克休聚合成分参数表

聚 合 成 分	1	2
适用温度/℃	15	25
反应时间/min	5	2
膨胀率/倍	20～30	20～30
10%变形压力/MPa	0.1～0.2	0.1～0.2
发火等级	无火焰蔓延	无火焰蔓延

先用罗休克泡沫对冒顶区上部已经形成的空洞进行充填，并对冒顶区顶围岩进行临时控制，避免出现再次垮落。加固循环长度视超前施工钢管难易程度而定，一般在 3.5~5 m，管与管的间距 0.5 m，从中间依次向两边排列，钢管角度仰角 10°~20°。前端做成尖体，管体上打好花孔便于注浆。钢管末端采用焊接与注浆管路连接。待冒顶区稳固后，降低采高，快速移架，直至通过冒顶区。顶部冒顶区域填充罗克休如图 6-8 所示。

若冒落煤岩体充满空区，则采用穿钢钎法；若冒落煤岩体未充满空区，则先用注浆充填处置，然后穿钢钎法处置。由于在工作面靠近冒落区附近时，目前技术手段很难判断顶板岩层冒落是否接顶，为确保安全，复采工作面在冒落区附近先进行注浆充填后，再采用穿钢钎通过冒落区，同时尽可能降低工作面采高。

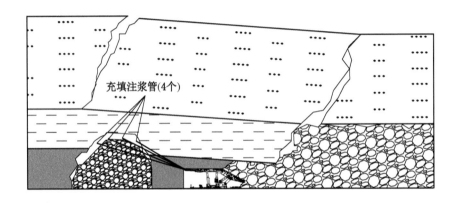

图 6-8　顶部冒顶区域充填罗克休示意图

3. 充填加固法

在对旧巷进行充填时，高水材料浆液渗入旧巷与工作面之间煤柱破碎煤体内，胶结硬化提高了破碎煤体的黏聚力和内摩擦角，提高煤柱的自承能力。同时，高水材料浆液能够加固旧巷两帮及旧巷上部破碎煤岩体。

6.3　不同围岩控制方案对支架稳定性的影响

不论采取何种残煤复采围岩控制技术，其根本目的是保证采场支架的稳定性。通过前面分析，与工作面大角度斜交或垂直的旧巷对支架的稳定性影响较小，因此下面主要针对工作面过平行或小角度斜交旧巷时，采用不同围岩控制方案对支架稳定性的影响进行分析。

1. 旧采遗留巷道采前支护对支架稳定性的影响

1）理论计算采前支护对支架稳定性的影响

旧采遗留巷道的采前支护主要采用高水材料充填及单体液压支柱配合联锁木垛两种支护方式。根据前文建立的基于残煤复采过平行及小角度斜交旧巷时基本顶力学模型，考虑充填体的支护强度后，分析旧巷支撑体与支架的相互作用关系。

在考虑旧巷充填体的支护强度后，式（4－23）可改写为：

$$F_0 = \frac{\sigma_a L_1 a^2}{a + c} + \frac{P_1 (2a + c)}{a + c} + \frac{\sigma_t h_z^2}{3} - (a + c) \gamma h_z L_1 \qquad (6-3)$$

式中，σ_a 为旧巷支撑体支护强度，MPa。

空巷顶板力学模型如图6－9所示。工作面安全过空巷的基本条件是空巷支撑体与工作面支架共同作用力能够保证关键块体 B 的稳定性，防止块体 B 发生回转变形失稳或滑落失稳，同时，对空巷与工作面之间的煤柱提供必要的加固，防止煤柱煤体片帮，实现两帮支撑顶板。为防止块体 B 发生滑落失稳，必须满足条件：

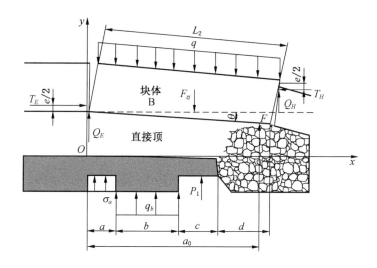

图 6－9　空巷顶板力学模型

$$T_E \tan\varphi \geqslant Q_E \qquad (6-4)$$

式中，$\tan\varphi$ 为块体间的摩擦因数，一般取 0.2。

将式（4－25）代入式（6－4），可以得到块体不发生滑落失稳时旧巷支撑体最低支护阻力的计算式：

$$\sigma_a \geqslant \frac{a+c}{a^2 L_1 [2R_O - (a+c)]} \times \left[\frac{L_1 L_2 (q+\gamma h)(2k-1)}{2} + \right.$$

$$\left. 2R_O k L_1 L_2 (q+\gamma h) - 2R_O k L_1 L_2 T_E \tan\varphi - 2R_O k L_1 L_2 - 2M_{F_d} \right] -$$

$$\frac{a+c}{a^2 L_1} \left[\frac{P_1(2a+c)}{a+c} + \frac{\sigma_t h_z^2}{3} - \gamma L_1 h_z(a+c) \right] \qquad (6-5)$$

其中：
$$R_O = L_2 \cos\theta - \frac{(h - L_2 \sin\theta)}{2} \sin\theta$$

$$F_d = \frac{K_G L_1 \tan\theta}{2} (L_2^2 \cos^2\theta - \Delta^2 \cot^2\theta) - \Delta L_1 (L_2 \cos\theta - \Delta \cot\theta)$$

$$M_{F_d} = \frac{K_G L_1 \tan\theta}{3} (L_2^3 \cos^3\theta - \Delta^3 \cot^3\theta) - \frac{\Delta L_1}{2} (L_2^2 \cos^2\theta - \Delta^2 \cot^2\theta)$$

$$\Delta = M - [M(1-\eta)K_d + h_z(K_z - 1)] - \frac{\gamma H_O}{K_C}$$

为防止块体 B 发生回转变形失稳，必须满足条件：

$$\frac{T_E}{L_1 e} \leqslant \Delta\sigma_c \qquad (6-6)$$

式中　$T_E / L_1 e$——块体接触面上的平均挤压应力，MPa；

　　　　Δ——因块体在转角处的特殊受力条件而取的系数，取 0.45；

　　　　σ_c——块体的抗压强度，MPa。

将式（4-24）代入式（6-6），可以得到块体 B 不发生回转变形失稳的条件为：

$$\frac{L_2(qL_1 L_2) + \gamma h L_1 L_2}{L_1 (h - L_2 \sin\theta)^2} \leqslant \Delta\sigma_c \qquad (6-7)$$

实例分析：依据圣华煤业地质条件，取 $s=80$ m，$R_t=4.8$ MPa，$a=12.0$ m，$M=6.5$ m，$K_d=1.5$，$K_z=1.5$，$\eta=0.8$，$\theta=10°$，$K_c=1000$ MPa/m，$K_G=5$ MPa/m，$\gamma=0.025$ MN/m^3，$h=16.1$ m，$h_z=4.66$ m，$H_0=200$ m，$\sigma_t=2.5$ MPa，$\sigma_c=70$ MPa，$q=0.125$ MPa，$c=5.23$ m，$k=2.6$，取支架顶梁面积为 7.2 m^2。将以上参数代入式（6-5）可以求得不同支架工作阻力与旧巷支撑体支护强度 σ_a 的关系，见表 6-4，同时将计算结果代入式（6-7）能够满足条件，则说明旧采采场围岩处于稳定状态。

由表 6-4 可以看出，随着旧巷支撑体支护强度的增加，液压支架所需的工作阻力逐步降低。因此，不论采用何种支护方式，都可以有效地改善采场支架的受力状态，只要支撑体的支护强度达到所需要求后，即可保证液压支架的稳定性。

表6-4 旧巷支撑体支护强度 σ_a 与支架工作阻力 P_1 的关系

P_1/MPa	4.0	5.0	6.0	7.0	8.0
σ_a/MPa	6.87	5.53	4.46	3.88	3.36

2）相似模拟分析采前支护对支架稳定性的影响

相似模拟所采用的煤层赋存方案如图4-4所示。模型装设好后，对各条旧巷进行充填，如图6-10所示，按照相似材料配比，充填体的矿压强度为4 MPa。

图6-10 旧巷充填后模型布置图

（1）围岩破坏特征。

冒顶区采取充填措施后，工作面矿压显现十分缓和，初期工作面回采对冒顶区基本没有影响。

当工作面推进距离 $L = 46.41$ m 时，即工作面循环割煤 77 次，向前推进1547 mm，此时工作面即将进入冒顶区。支架后方顶煤冒落，但直接顶、基本顶保持完整未垮落，支架上方悬顶距离超过 10 m，支架支护阻力较大。后方较远处采空区内直接顶、基本顶规则垮落，但垮落高度不大，受实验装置边界约束作用影响，基本顶靠近边界处岩层未完全垮落。在冒顶区正上方（实际高度约为15 m）出现了明显的岩层断裂，裂缝倾角与冒顶区左侧方向一致，角度约为33°（如图中箭头所示），如图6-11所示。

与未充填相比，超前裂隙高度与水平面夹角均减半，并且裂隙与切眼的距离相差约6 m，说明充填体充分发挥了支撑作用，减缓了矿压显现。必须指出的是，支架正上方岩层整体性非常好，未出现离层、断裂等现象。

图 6 - 11　工作面推进至冒顶区后方

当工作面推进距离 $L = 52.92$ m 时，即工作面循环割煤 88 次，向前推进 1764 mm，此时工作面处于冒顶区内。支架上方已有裂隙得到扩展，在冒顶区和上覆岩层中出现若干条与该裂隙平行的裂隙。支架后方因顶煤的回采放出，岩层与支架间出现较大空隙，采空区内岩层出现规则垮落，垮落块体长度基本等于岩层周期来压步距。与未充填相比，支架上方未出现巨大"岩块"结构，采空区内及高位岩层垮落区分布密实、块体较为破碎，如图 6 - 12 所示。

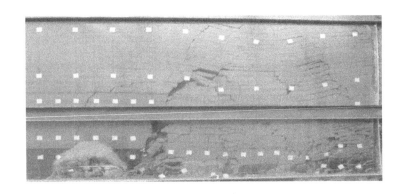

图 6 - 12　工作面推进至冒顶区下方

当工作面推进距离 $L = 63.72$ m 时，即工作面循环割煤 106 次，向前推进 2124 mm，此时工作面支架尾梁完全离开冒顶区，即工作面已经通过冒顶区。支架后方采空区岩层规则垮落、矿压显现缓和，冒顶区内充填体与顶板岩体胶结效果好，回采后充填体随顶板岩体一起垮落。支架上方岩体整体性好，没有明显裂隙发育，基本顶和上覆岩层悬顶距离大且与水平面呈45°倾角斜向上构成悬臂梁结构，如图6-13所示。

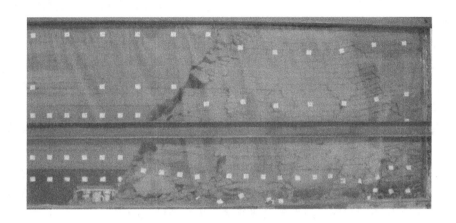

图6-13　工作面通过冒顶区

（2）支架受力分析。

图6-14为复采工作面过冒顶区过程中，支架工作阻力变化曲线图。图中横坐标为零时表示工作面刚进入冒顶区。

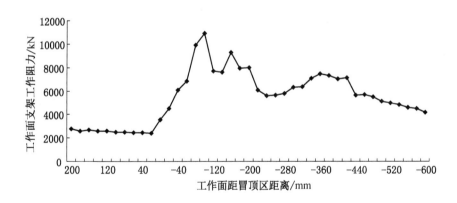

图6-14　旧巷充填后工作面过冒顶区时支架工作阻力变化曲线

从图6-14中可以看出，工作面由接近至离开冒顶区过程中，支架工作阻力呈先增大后减小的趋势，其中，在工作面距离冒顶区约3.6 m时支架工作阻力达到峰值，峰值为10900 kN，但约为未充填情况下峰值的78%。

由图 6-14 可知，残煤复采工作面通过冒顶区时，支架工作阻力变化趋势基本一致，但旧巷充填后支架工作阻力峰值明显减小，峰值出现位置滞后未充填情况约 14 cm（实际 5.2 m）。出现上述现象是因为采取充填措施后，充填体对顶板起到支撑作用，保持了岩层的完整性，使得顶板岩层发挥传递岩梁作用将矿山压力向工作面前后传递，表现为峰值出现位置的不一致。然而冒顶区形成后，其上方岩层必然受到损伤，出现裂纹、断裂，切断了前后岩层联系。随着工作面推进，工作面与冒顶区之间煤柱发生塑性破坏，支撑能力急剧下降，冒顶区"岩块"自身重量和冲击载荷突然加载到支架上形成支架工作阻力峰值，充填体起到支撑作用但并未与顶板充分接触，因此与旧巷未充填相比支架工作阻力峰值存在但减小。

残煤复采工作面过冒顶区时支架工作阻力特征：工作面在通过冒顶区时，支架工作阻力会出现峰值，支架工作阻力最大峰值约为 25000 kN，采取充填措施后峰值降低为 10900 kN，约为未采取充填开采峰值的 43.6% 。

2. 爆破预裂顶板对支架稳定性的影响

爆破预裂顶板是改变顶板断裂规律的有效手段。顶板沿着人们预定的位置进行断裂，能够有效地改变采场支架、煤壁及采空区落矸共同作用体的受力特征。下面通过建立爆破预裂顶板过旧巷的力学结构模型（图 6-15），分析爆破预裂顶板后支架的受力状态及其所需的最大工作阻力。

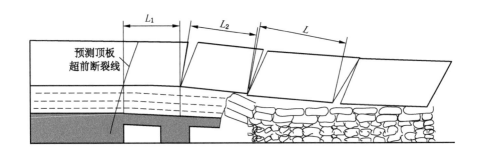

图 6-15　爆破预裂后采场围岩结构模型

为了便于研究顶板沿预裂位置断裂后支架的受力状态，取爆破预裂位置后方的支架与围岩相互作用关系模型进行分析，如图 6-16 所示。钱鸣高院士在他"采场支架与围岩耦合作用机理研究"一文中给出了与图 6-16 所示的完全相同的基于"给定变形压力"的支架与围岩相互作用关系模型，因此，本次研究采用其研究结果对采用爆破预裂顶板对支架稳定性的影响进行分析。

对液压支架工作阻力计算时可分为两种情况：①直接顶为弹性状态下的给定变形压力；②直接顶为松散介质下的给定变形压力。

直接顶为弹性状态时，支架的最大工作载荷 Q_{gm} 可以由式（6-8）确定：

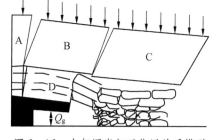

图 6-16 支架围岩相互作用关系模型

$$Q_{gm} = (2 \sim 4) lbh_1 \gamma + \frac{El^2 b\cos\alpha\sin(\theta - \theta_1)}{(4 \sim 8)h_1}$$

$$(6-8)$$

直接顶为弹性状态时，支架工作阻力与工作面顶板下沉的统计关系类似于双曲线关系。为了与统计系数相对应，将支架载荷 Q_{gm} 转化为支架单位支护面的平均载荷 $p_m = Q_{gm}/lb$，直接顶的回转平均下沉量用 $\delta_1 = \Delta_1/2$ 表示，则：

$$p_m = \sum h\gamma + \frac{Kl^n\sin^n(\theta - \theta_1)}{(n+1)\left(\sum h\right)^n}$$

$$(6-9)$$

式中，l 为直接顶岩块的长度，可视为液压支架的控顶长度，m；b 为直接顶岩块的宽度，即与支架同宽，m；h_1 为采高，m；γ 为岩石的体积力，kN/m³；α 为直接顶的断裂倾斜角，(°)；θ 为基本顶的回转角，(°)；θ_1 为直接顶的回转角，(°)；$\sum h$ 为直接顶高度，m；n 为压实指数，对于破碎直接顶可取 $n = 3$，对于完整顶板 $n = 1$。

在实际计算支架载荷时，考虑到式（6-9）中某些参数取值困难，用式（6-8）计算较为方便。对于介质的影响，可用适当降低弹性模量 E 来近似。由此残煤复采工作面采场遇平行或小角度斜交旧巷时，顶板沿爆破预裂位置断裂后支架的最大工作阻力由式（6-8）计算确定。

实例分析：圣华煤业 3101 残煤复采放顶煤工作面，取 $\gamma = 0.02$ MN/m³，$\alpha = 75°$，$\theta - \theta_1 = 4°$，$E = 200$ MPa，$l = 3.8$ m，$b = 1.5$ m，$h_1 = 6.5$ m，则代入式（6-8），可得：$Q_{gm} = 2.986 \sim 5.97$ MN。采用爆破预裂顶板后，残煤复采工作面液压支架的工作阻力为 2986 ~ 5970 kN，对比第四章相似模拟实验结果可知，采用爆破预裂顶板后，液压支架所需的工作阻力显著下降。因此，只要保证爆破预裂后的顶板能够沿着预裂位置断裂，即可保证液压支架的稳定性。

3. 控制煤壁片帮和端面冒漏对支架稳定性的影响

煤壁片帮和端面冒漏对残煤复采工作面的正常生产影响较大。因此，防治煤壁片帮和端面冒漏是残煤复采安全生产管理的重要课题之一。

端面冒漏是影响支架稳定性的一个主要因素，残煤复采工作面引起端面冒漏主要有以下几个因素：①煤壁大面积片帮；②揭露旧巷时空顶距突然增大；③残煤复采采场围岩破碎，尤其是工作面进入冒顶区时。根据端面冒漏发生的机理，控制端面冒漏主要采用3种形式：首先，对旧巷充填时，高水材料浆液渗入旧巷与工作面之间煤柱破碎煤体内，胶结硬化提高了破碎煤体的黏聚力和内摩擦角，提高煤柱的自承能力，进而减小了煤壁的片帮程度，从而防治端面冒顶；其次，当工作面进入冒顶区时采用钢钎撞楔法控制端面冒顶，利用钢钎的梁效应，使得钢钎上方的围岩形成一个整体，从而阻止端面冒漏；最后，对破碎围岩进行注浆加固，控制端面冒漏。

片帮和端面冒漏主要表现为对支架纵向稳定性的影响。由于工作面前方煤柱失稳，采场顶板来压，此时端面冒漏会造成支架顶梁前端空顶，使得支架受力不均。当顶板回转产生的作用力传递到支架上方时，由于支架顶梁前方外载合力的作用，支架丧失了顶板对支架顶梁前端区产生的反作用力而出现支架抬头，支架抬头导致其支撑能力下降，随着顶板的回转，很可能出现向煤壁的压垮型支架失稳事故。由此可知，控制煤壁片帮及端面冒落能够提高支架的稳定性，降低发生支架垮架事故的概率。

6.4 本章小结

本章主要从影响复采工作面围岩运动的几个因素出发，结合复采采场特殊的围岩力学结构、复采采场的覆岩结构及运移规律，针对复采工作面基本顶超前大断裂、煤壁片帮、端面冒落、支架稳定性等几方面，提出了特定条件下残煤复采采场围岩控制方案。主要研究内容如下：

（1）通过分析采场顶板的运动规律及其应力分布特征可知，顶板应力分布规律的改变方式主要有两种：①改变旧采区顶板的支撑体系；②转移并降低顶板支承压力集中的位置及其荷重集度。

（2）根据残煤复采煤壁片帮及端面冒漏发生的机理，确定残煤复采控制煤壁片帮和端面冒漏的有效方案，主要有：①钢钎撞楔法；②注浆加固法；③充填加固法。

（3）主要针对工作面过平行或小角度斜交旧巷时，不同围岩控制方案对支架稳定性的影响进行分析。研究结果表明：采用采前支护空巷、爆破预裂顶板及控制煤壁片帮及端面冒漏的采场围岩控制方案后，均能提高液压支架的稳定性，从而保证复采工作面安全生产。

7 复采工作面矿压显现规律分析

7.1 复采工作面矿压显现规律数值模拟研究

7.1.1 工作面概况

1. 工作面基本情况

关岭山煤业有限公司位于陵川县岭北底村，地理坐标为北纬 35°51′30″~35°53′01″，东经 113°07′41″~113°10′53″。3 号煤层厚度为 4.35~5.5 m，平均厚 4.50 m，倾角为 3°~6°，煤层平均埋深为 187 m。该矿由于受开采工艺及装备水平的限制，旧式开采一直采用"采底留顶"的巷柱式采煤法进行回采。据调查分析，关岭山煤矿过去回采时，巷道主要沿煤层底部掘进，旧空巷宽度为 2.5~3 m，采高 2.2~2.5 m。部分顶板较稳定的地段采用掏帮、扩帮的方式采煤（图 7 - 1），掏帮、扩帮的范围视煤层顶板性质而定，掏帮、扩帮后，采空区宽度为 6~8 m。开采后在旧采区域内遗留了若干大小不一、形状各异的煤柱，这些煤柱部分被压垮或压酥，部分保持完好。

2. 工作面空巷及煤柱揭露情况

30102 首采工作面回采巷道在掘进过程中共揭露 50 条巷道，如图 7 - 2 所示为部分揭露空巷。工作面回采过程中发现 27 条与工作面倾向平行或成小角度相交的空巷，旧空巷宽度主要集中在 2.5~3 m，空巷高度主要集中在 2.2~2.5 m，煤柱宽度多为 9~30 m，需在掘进过程中不断探巷，发现小煤柱及时采取措施。

7.1.2 工作面矿压显现规律分析

第 5 章以关岭山煤业 3 号煤层残煤复采为研究背景，对 3 号煤层复采工作面的支架 - 围岩关系进行了理论和数值模拟研究，确定了工作面液压支架的工作阻力，并进行了支架选型研究，确定了关岭山煤业 3 号煤层复采工作面液压支架的型号。

为确定关岭山煤矿 30102 首采工作面选用 ZFS5600 - 16/32 型液压支架连续过空巷时，工作面矿压显现规律、围岩变形情况及支架对顶板的适应性，通过数值模拟的研究方法进行分析。因关岭山现场揭露空巷宽度多数为 2.5~3 m，巷道高度为 2.2~2.5 m，因此，此次模拟建立空巷模型为 3 m×2.5 m，煤柱宽度多为 9~30 m。因在掘进其他工作面过程中可能会有遇到不同宽度的煤柱，因

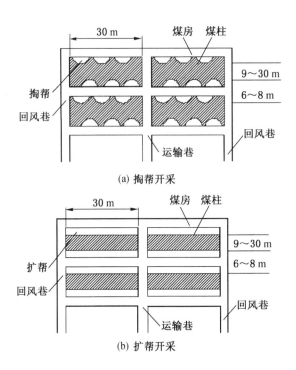

(a) 掏帮开采

(b) 扩帮开采

图 7-1 掏扩帮开采示意图

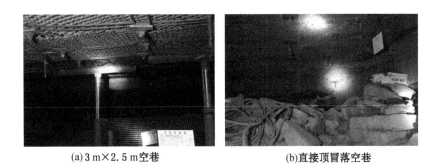

(a) 3 m×2.5 m空巷　　　　　(b)直接顶冒落空巷

图 7-2 部分揭露空巷图

此,此次模拟选用煤柱宽度为 6 m、7 m、8 m、9 m。空巷出现位置为初次来压后($x=87$ m),沿工作面推进方向依次建立连续空巷。

数值模拟的模型及相关的模拟方案同第五章,依据数值模拟结果主要对复采工作面过空巷时的煤柱稳定性、矿压显现规律及支架对顶板的适应性进行分析。

1. 复采工作面过空巷煤柱稳定性分析

如图7-3所示为工作面过不同宽度煤柱塑性区云图，当煤柱宽度为6 m、7 m时，1、2、3号煤柱塑性区宽度均为5 m、4 m、4 m，分别占煤柱宽度的83%、66%、66%和71.43%、57.14%、57.14%；当煤柱宽度为8 m时，1、2、3号煤柱塑性区宽度均为4 m，占煤柱宽度的50%；当煤柱宽度为9 m时，1、2、3号煤柱塑性区宽度分别为4 m、4 m、3 m，分别占煤柱宽度的44.44%、44.44%、33.33%。这说明在同一煤柱宽度下，离工作面越远，煤柱稳定宽度越大；在不同煤柱宽度下，煤柱越宽，破坏深度越小，各煤柱塑性区宽度占比均小于86%，煤柱能够保持稳定。因此，关岭山煤矿旧空巷中间煤柱宽度大于6 m时，煤柱能够保持稳定。

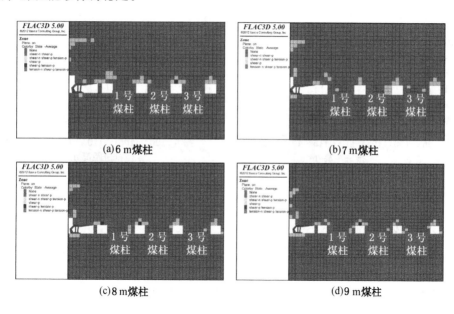

(a)6 m煤柱　　　　　　　　　　　　(b)7 m煤柱

(c)8 m煤柱　　　　　　　　　　　　(d)9 m煤柱

图7-3　工作面煤柱塑性区云图

如图7-4所示为工作面前方不同宽度煤柱群支承压力曲线图。当煤柱宽度为6 m时，1、2、3号煤柱应力集中系数分别为2.46、2.08、1.97；当煤柱宽度为7 m时，1、2、3号煤柱应力集中系数分别为2.44、2.05、1.91；当煤柱宽度为8 m时，1、2、3号煤柱应力集中系数分别为2.23、1.98、1.84；当煤柱宽度为9 m时，1、2、3号煤柱应力集中系数分别为2.19、1.93、1.79。由此可知，距工作面不同距离处的煤柱，随其宽度的增加，煤柱应力集中系数均呈减小的趋

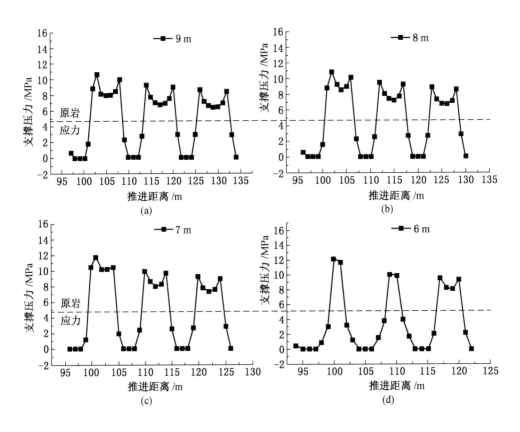

图 7-4 工作面前方煤柱支承压力曲线

势；不同宽度煤柱，距工作面越远，煤柱应力集中系数越低。工作面前方 6 m、7 m、8 m、9 m 煤柱群中煤柱的最大应力集中系数为 2.46，均小于 2.5，说明各煤柱均有一定的承载能力，因此，再次证明煤柱宽度大于 6 m 时，煤柱能够保持稳定。

2. 复采工作面过空巷矿压显现规律分析

图 7-5~图 7-16 为不同宽度煤柱时，复采工作面前排立柱、后排立柱及支架的工作阻力随工作面推进距离的变化曲线图。

工作面支架受空巷的影响，顶板周期来压不明显，阻力峰值主要集中在进入中间煤柱后，根据周期来压步距推算，可将回采过程中的压力峰值定义为周期来压值。

由图 7-5~图 7-16 可知：当煤柱宽度为 6 m 时，工作面推进至 82 m 距空巷 3 m 时，顶板初次来压，来压步距为 37 m，来压强度为 5246.93 kN，前排立柱阻力为 3187.79 kN，后排立柱阻力为 2981.52 kN，当工作面推进至中间煤柱

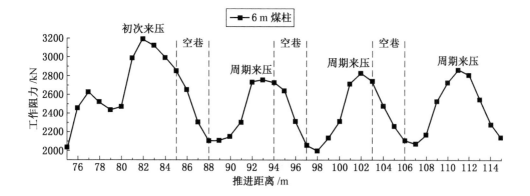

图 7 - 5　支架前排立柱工作阻力随推进距离的变化曲线（6 m 煤柱）

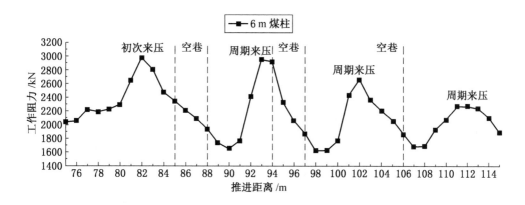

图 7 - 6　支架后排立柱工作阻力随推进距离的变化曲线（6 m 煤柱）

（x = 93 m、102 m、111 m），工作面周期来压，支架阻力分别达到 4828.44 kN、
4942.48 kN、4624.17 kN，均值为 4798.36 kN，来压步距分别为 11 m、9 m、
9 m，均值为 9.66 m；当煤柱宽度为 7 m 时，工作面推进至 82 m 距空巷 3 m 时，
顶板初次来压，来压步距为 37 m，来压强度为 5179.7 kN，前排立柱阻力为
3098.74 kN，后排立柱为 2866 kN，当工作面推进至中间煤柱（x = 95 m、
112 m），工作面周期来压，支架阻力分别达到 4849.63 kN、4878.25 kN，均值为
4863.94 kN，来压步距分别为 13 m、17 m，均值为 15 m；当煤柱宽度为 8 m 时，
工作面推进至 83 m 距空巷 2 m 时，顶板初次来压，来压步距为 38 m，来压强度

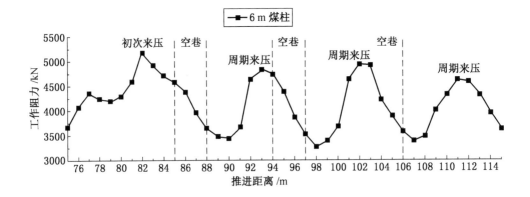

图7-7 支架整架工作阻力随推进距离的变化曲线（6 m 煤柱）

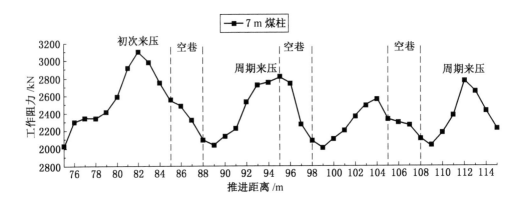

图7-8 支架前排立柱工作阻力随推进距离的变化曲线（7 m 煤柱）

为5152.39 kN，前排立柱阻力为3034.43 kN，后排立柱为2822.24 kN，当工作面推进至中间煤柱（$x=95$ m、110 m），工作面周期来压，支架阻力分别达到4824.46 kN、4491.88 kN，均值为4658.17 kN，来压步距分别为12 m、15 m，均值为13.5 m；当煤柱宽度为9 m时，工作面推进至83 m距空巷2 m时，顶板初次来压，来压步距为38 m，来压强度为5082.34 kN，前排立柱阻力为2975.33 kN，后排立柱为2819.76 kN，当工作面推进至中间煤柱（$x=96$ m、109 m），工作面周期来压，支架阻力分别达到4916.35 kN、4338.31 kN，均值为4627.33 kN，来压步距均为13 m。

204

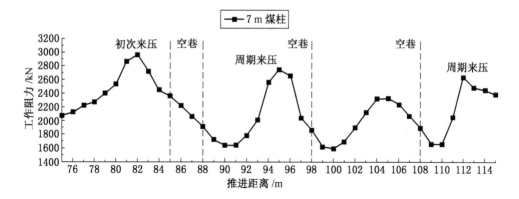

图 7-9　支架后排立柱工作阻力随推进距离的变化曲线（7 m 煤柱）

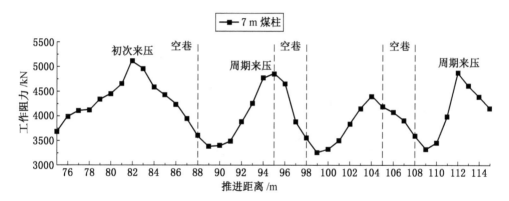

图 7-10　支架整架工作阻力随推进距离的变化曲线（7 m 煤柱）

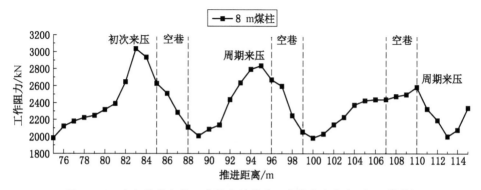

图 7-11　支架前排立柱工作阻力随推进距离的变化曲线（8 m 煤柱）

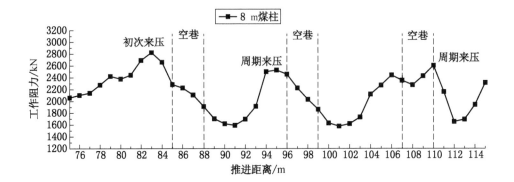

图 7-12　支架后排立柱工作阻力随推进距离的变化曲线（8 m 煤柱）

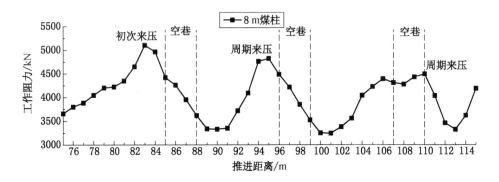

图 7-13　支架整架工作阻力随推进距离的变化曲线（8 m 煤柱）

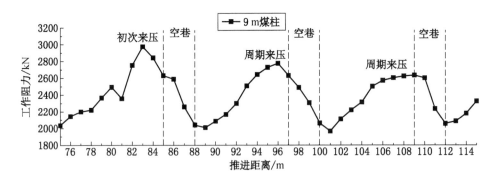

图 7-14　支架前排立柱工作阻力随推进距离的变化曲线（9 m 煤柱）

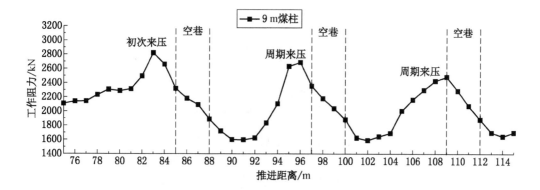

图 7 - 15　支架后排立柱工作阻力随推进距离的变化曲线（9 m煤柱）

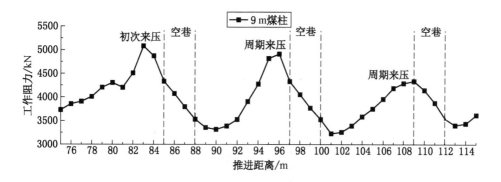

图 7 - 16　支架整架工作阻力随推进距离的变化曲线（9 m煤柱）

由此可知，随空巷中间煤柱宽度的减小，工作面初次来压强度逐渐增大，而周期来压强度均值和来压步距受空巷影响没有明显规律；初次来压时，前后柱受力大小接近，当煤柱宽度为 6 m、7 m、8 m、9 m时，后排立柱受力均略小于前排立柱受力，分别占 93.53%、92.49%、93.01%、94.77%，支架无偏载严重现象，说明支架受力良好；不论是前柱还是后柱，初次来压时，随煤柱宽度的降低，立柱受力均呈现增大趋势。

3. 支架对顶板适应性分析

根据图 7 - 5 ~ 图 7 - 16 模拟统计数据结果，将支架前排立柱、后排立柱、支架整体在空巷内、中间煤柱内及回采整个过程中的最大、最小、平均工作阻力做统计并绘制工作阻力柱状图，以此分析支架的受力规律及对顶板的适用性，如图 7 - 17 所示，为支架受力特性柱状图。

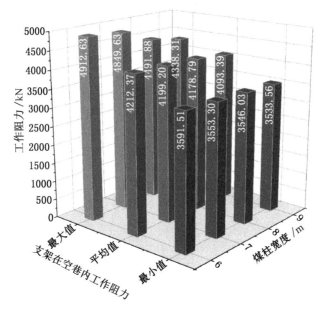

(a) 支架整架在空巷内工作阻力

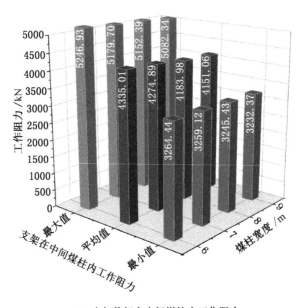

(b) 支架整架在中间煤柱内工作阻力

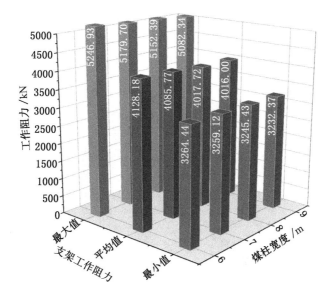

(c) 支架整架回采过程中工作阻力

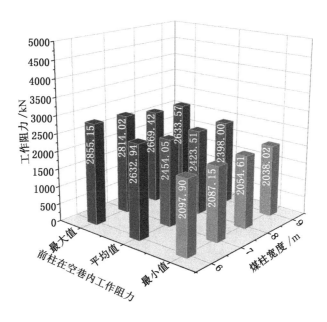

(d) 前柱在空巷内工作阻力

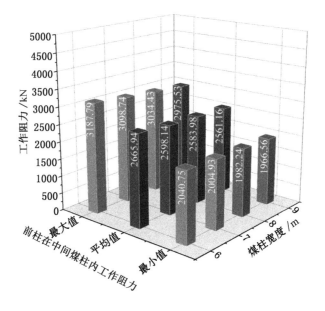

(e) 前柱在中间煤柱内工作阻力

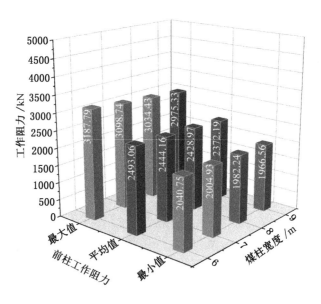

(f) 前柱在回采过程中工作阻力

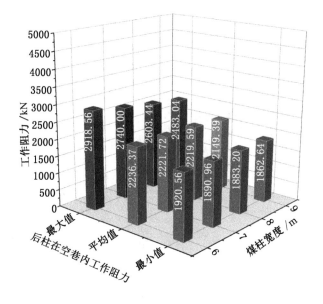

(g) 后柱在空巷内工作阻力

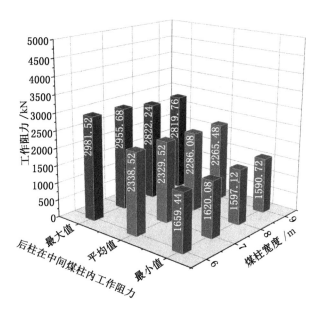

(h) 后柱在中间煤柱内工作阻力

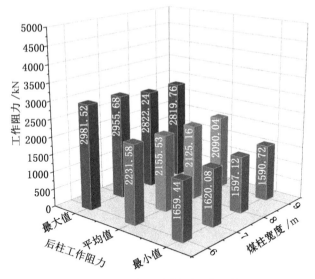

(i) 后柱在回采过程中工作阻力

图 7-17　支架受力特性柱状图

由以上各图分析可知:

当煤柱宽度为 6 m、7 m、8 m、9 m 时,支架处于空巷或中间煤柱内时,支架工作阻力最大值均未超过其额定工作阻力,说明所选用的支架能够满足关岭山煤矿安全生产的需要。不同煤柱宽度下,工作面回采时,支架最大工作阻力为中间煤柱宽度为 6 m,支架处于中间煤柱内时,阻力峰值为 5246. 93 kN,占其额定工作阻力的 93.69%,满足支架工作阻力富余(安全)系数的要求。

当煤柱宽度为 6 m、7 m、8 m、9 m 时,支架在空区内平均工作阻力分别为4212. 37 kN、4199. 20 kN、4178. 79 kN、4093. 389 kN,在煤柱内时平均工作阻力为 4335. 01 kN、4274. 89 kN、4183. 98 kN、4151. 06 kN。支架由空巷进入煤柱后,支架工作阻力呈现增大的趋势,支架由煤柱进入空巷时,支架工作阻力总体呈现降低的趋势;不论支架前柱还是后柱,支架处于煤柱内的平均工作阻力大于处于空巷内的平均工作阻力。随煤柱宽度的减小,支架在空巷或中间煤柱内时,支架工作阻力呈增大趋势,前柱增大量大于后柱,顶板压力主要作用在前柱上。

当煤柱宽度为 6 m 时,支架在空巷内、煤柱内的最大、最小工作阻力分别为4912. 63 kN、3591. 51 kN、5246. 93 kN、3264. 44 kN,循环阻力最小利用率为58. 29% ~ 64. 13%,最大利用率为 87. 73% ~ 93. 3%,回采过程中平均利用率为

73.72%。当煤柱宽度为 7 m 时，最小利用率为 58.2% ~63.45%，最大利用率为 86.6% ~92.49%，回采过程中平均利用率为 72.96%。当煤柱宽度为 8 m 时，最小利用率为 57.95% ~63.32%，最大利用率为 80.21% ~92%，回采过程中平均利用率为 71.72%。当煤柱宽度为 9 m 时，最小利用率为 57.72% ~63.09%，最大利用率为 77.46% ~90.74%，回采过程中平均利用率为 71.71%。由此可知，煤柱宽度越小，支架循环末阻力利用率越高，回采过程中支架工作阻力利用率较高。

当煤柱宽度为 6 m、7 m、8 m、9 m 时，在空巷内支架后柱平均工作阻力为前柱的 84.94%、90.53%、91.59%、89.63%；在中间煤柱内支架后柱平均工作阻力为前柱的 87.72%、89.66%、88.47%、88.46%；在回采过程中，支架后柱平均工作阻力为前柱的 89.51%、88.19%、87.49%、88.11%，说明不论支架是处于空巷还是中间煤柱内，支架受力均集中在前柱，总体来说，支架在煤柱内较在空巷内，前后柱受力不均现象更加明显。随煤柱宽度的减小，在空巷内前柱受力增加速率大于后柱，在中间煤柱内及整个回采过程中，支架前后柱工作阻力比值基本稳定，说明煤柱宽度为 6 m 以上时，支架受力未出现偏载严重现象，关岭山煤矿工作面选用 ZFS5600 - 16/32 型支架可安全通过空巷煤柱。

7.2 复采工作面矿压显现规律现场实测分析

7.2.1 工程概况

1. 矿井及资源赋存概况

圣华煤业地处晋城市泽州县下村镇，为兼并重组后单独保留的矿井，生产能力为 30 万 t/a，井田东西长约 1.7 km，南北长约 2.0 km，面积 1.0591 km²。井田煤系地层共含煤 6 层，其中 3、9、15 号为主要可采煤层，其余为不可采煤层。该矿批采 3 号煤层，残煤复采区也位于 3 号煤层中。

由于受生产技术及装备水平等条件的限制，2005 年前，圣华煤业一直使用煤炭回收率低下的旧巷柱式采煤方法，破坏了井田内 3 号煤层的完整性，井田内旧采残煤区主要集中分布于井田北部、井田中部及井田南部。残采区内的水文地质属中等类型，地层倾角 3° ~7°，3 号煤属极不易自燃煤层，煤尘不具有爆炸性，井下地温未发现异常，地压无明显变化。

2. 工作面概况

1301 工作面为圣华煤业一采区首个复采工作面，煤层平均埋深 200 m 左右，平均厚度为 6.65 m，内有 1 ~2 层夹矸，夹矸厚度一般小于 0.5 m，工作面设计长度为 80 m，推进长度约 550 m，除工业广场、附近村庄及井筒压煤和少部分实体煤外，其余大部分为旧采区，工作面位置如图 7 - 18 所示。

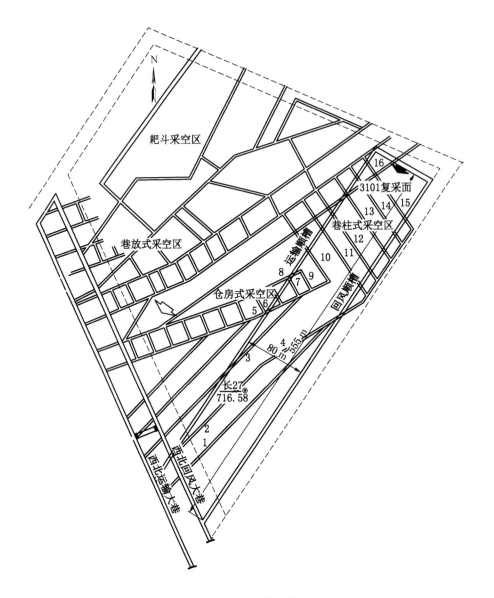

图 7-18 首采工作面位置图

根据矿方提供的旧采区技术资料、掘进时揭露及后期物探手段和工作面回采揭露，1301 工作面回采面临的空巷主要是由于旧采时运煤、运料的巷道及扩帮开采形成的，跨度一般在 2~8 m，赋存于煤层底部，由于长时间的放置，旧采遗留下的各空巷顶板均已发生冒落现象。

3. 工作面旧采顶板类型

据调查分析，圣华煤业过去回采时，巷道沿煤层底部掘进，高约 2.5 m，送巷扩帮，倒退采煤。回采完毕，空巷长期放置，由于矿山压力、风化、水蚀的作用，其顶板已冒落形成冒顶区。

按照冒落煤岩充满冒顶区程度分为：冒落煤岩完全充满冒顶区和冒落煤岩未完全充满冒顶。冒落煤岩完全充满冒顶区指冒落煤岩与冒顶区顶部相接，如图7-19a 所示；冒落煤岩未完全充满冒顶区指冒落煤岩与冒顶区顶部有空隙存在，如图7-19b 所示。

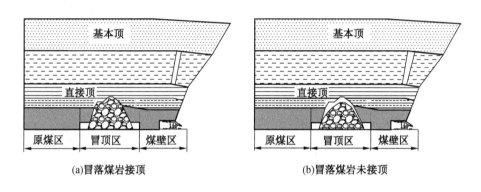

图 7-19　冒顶区接顶分类示意图

1301 复采工作面开采的 3 号煤为厚煤层，根据现场调查勘探，得出旧采形成 6 种冒顶区类型：沿底留顶煤层垮落型冒顶区、沿底留顶煤及直接顶垮落型冒顶区、沿底留顶全部垮落型高冒区、沿中留底煤层垮落型冒顶区、沿中留底落煤及直接顶垮落型冒顶区、沿中留底全部垮落型高冒区。

具体描述如下：

（1）沿底留顶煤层垮落型冒顶区指旧采空巷在厚煤层底部掘进，空巷上方有较厚的煤层存在，由于空巷跨度较大，煤层垮落高度大于支架高度，会出现冒顶现象，如图7-20a 所示。

（2）沿底留顶煤及直接顶垮落型冒顶区指旧采空巷在厚煤层底部掘进，空巷跨度大，煤层、直接顶先后发生垮落，工作面前方出现空顶区，如图7-20b 所示。

（3）沿底留顶全部垮落型高冒区指旧采空巷在厚煤层底部掘进，空巷跨度大，煤层、直接顶先后发生垮落，垮落煤岩碎胀后与基本顶未接顶，基本顶有活动空间发生部分垮落，工作面前方出现高冒区，如图7-20c 所示。

（4）沿中留底煤层垮落型冒顶区指空巷在厚煤层中部，底部留有一定厚度的底煤，空巷上方有较厚的煤层存在，由于空巷跨度较大，煤层垮落高度大于支架高度，会出现冒顶现象，如图7-20d所示。

（5）沿中留底落煤及直接顶垮落型冒顶区指空巷在厚煤层中部，底部留有一定厚度的底煤，空巷上方有较厚的煤层存在，煤层、直接顶先后发生垮落，工作面前方出现空顶区，如图7-20e所示。

（6）沿中留底全部垮落型高冒区指空巷在厚煤层中部，底部留有一定厚度的底煤，空巷上方有较厚的煤层存在，空巷跨度大，煤层、直接顶先后发生垮落，垮落煤岩碎胀后与基本顶仍有空区，基本顶有活动空间发生部分垮落，工作面前方出现高冒区，如图7-20f所示。

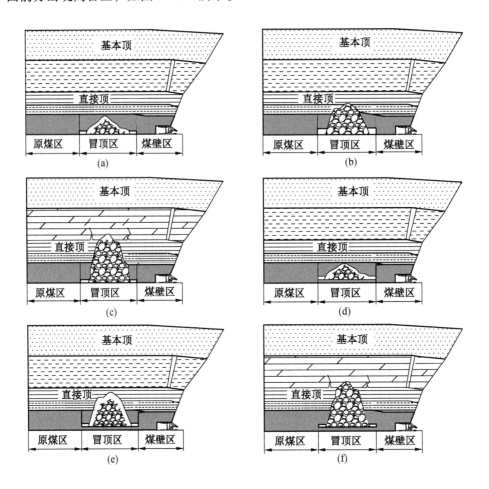

图7-20　厚煤层冒顶区分类示意图

4. 煤层及其顶底板岩层力学参数

通过对圣华煤业 3 号煤煤层及其顶板进行现场取样，通过岩石力学实验，取得该矿 3 号煤及其上覆岩层的岩性及分层厚度，并对各煤岩层的抗拉、抗压、弹性模量、泊松比、内聚力、内摩擦角和容重等物理力学参数进行测试，得出圣华煤业 3 号煤层及其顶板的岩层柱状图及力学参数表。岩层柱状详图如图 3 - 13 所示，力学参数详见表 3 - 1。

7.2.2　1301 复采工作面采煤方法及设备

1. 1301 复采工作面的采煤方法及支护措施

该工作面采用走向长壁、后退式综合机械化放顶煤，一次采全高、顶板全部垮落采煤法。开采煤层为 3 号煤层，采高为 2.0 m，放顶煤厚度为 4.65 m，作业方式为：三班生产，每班一循环，进度为 0.6 m，每日三循环，单交接班检修 1 h；放顶煤步距为 0.6 m，回采率为 65%。工作面最大控顶距 4256 mm，最小控顶距 3656 mm。

1301 复采工作面巷道主要有 1201 运输顺槽、1202 轨道顺槽和开切眼。其中运输顺槽为梯形断面，上宽 3000 mm，下宽 3900 mm，高 2650 mm，架棚后巷道上净宽 2700 mm，下净宽 3600 mm，净高 2500 mm，工字钢棚 + 背板式支护，局部使用联合锚网索支护，长度 501 m。轨道顺槽长度 430 m。开切眼为梯形断面，导硐前断面为上毛宽 3000 mm，下毛宽 3800 mm，毛高 2400 mm，木棚支护，导硐后面上毛宽 6400 mm，下毛宽 7200 mm，毛高 2400 mm，一巷两木棚支护，端口为一梁两腿两柱支护，开切眼长度为 84 m。

2. 1301 复采工作面的主要设备

（1）MG200 - W 型双滚筒采煤机，主要技术参数：电机功率 200 kW，截深 0.63 m，牵引速度 0 ~ 6.0 m/min。

（2）ZF3800/15/23 型支撑掩护式液压支架，主要技术参数：最低支撑高度 1.5 m，最大支撑高度 2.3 m，移架步距 0.6 m，额定工作阻力 3800 kN/架，初撑力 3206 kN/架，支护强度 0.69 ~ 0.72 MPa。ZFG4000/17/28 型液压支架（过渡架）：支架形式为四柱支撑掩护式反四连杆放顶煤液压支架，额定工作阻力 4000 kN/架，初撑力 3206 kN/架，支护强度 0.54 ~ 0.55 MPa，最低支撑高度 1.7 m，最大支撑高度 2.8 m。

（3）前后刮板运输机均为 SGZ630/180 型刮板运输机，电机功率 2 × 90 kW。

（4）BRW - 200/31.5 型乳化液泵站，公称压力 31.5 MPa，电机功率 75 kW。

（5）DTL800 型带式输送机。

7.2.3　矿压监测站（线、点）的布置及设备

复采工作面从机头（上部）到机尾（下部）布置 1 号 ~ 56 号液压支架，通

过高压油管分别将 YHY60（B）型矿用本安型数字压力计（图 7-21）安装于 4 号、14 号、26 号、36 号、48 号支架上，作为本次现场实测的 5 条测线，如图 7-22 所示。压力机每 30 s 记录一次数据，并储存在压力计内，每日通过手持式采集仪（图 7-23）采集数据并将数据传输到地面服务器。

图 7-21　数字压力计

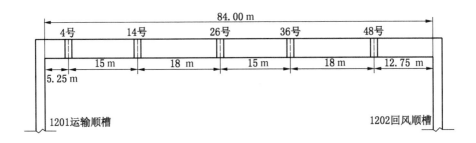

图 7-22　1301 工作面支架载荷测点布置

7.2.4　回采期间工作面矿压显现规律观测结果及分析

残煤复采的开采条件异于实体煤开采，针对复采工作面的矿压显现规律，此次实测重点观测的内容如下：

（1）复采工作面支架的受力特性；

（2）复采工作面的来压特征；

（3）支架对顶板的适应性；

（4）复采工作面过冒顶区及进出煤柱支架的受力变化。

图 7 - 23 手持式采集仪

1. 复采工作面支架的受力特性

整个矿压观测工作于 2015 年 9 月 22 日开始, 截至 2016 年 1 月 4 日, 复采工作面共推进了 185 个循环 (123.9 m)。

1) 支架初撑力分布

(1) 各条测线支架整架的初撑力整体偏低, 并且分布极不均匀。支架设计初撑力为 3206 kN/架。所测 5 个支架, 最小初撑力为 25.78 kN/架, 为设计初撑力的 0.8%。平均初撑力为 880.38 kN/架, 为设计初撑力的 27.5%, 具体表现见表 7 - 1。

表 7 - 1 支架整架最大、最小和平均初撑力测定结果

项 目	整架初撑力/(kN·架$^{-1}$)					
	4 号支架	14 号支架	26 号支架	36 号支架	48 号支架	平均
最大	1796.44	3509.1	2408.6	2392.9	2490.2	2519.45
最小	25.78	151.5	158.42	185.46	132.04	130.64
平均	774.34	848.14	912	887.84	979.59	880.38

(2) 每条测线支架各循环前柱的初撑力明显大于后柱的初撑力, 如图 7 - 24 所示为 14 号支架前柱与后柱的初撑力实测曲线。14 号支架后柱初撑力平均值为前柱的 20.4% (表 7 - 2、表 7 - 3)。支架前柱的初撑力主要分布范围为 0 ~ 700 kN/柱, 占比为 94.6%; 支架后柱的初撑力主要分布范围为 0 ~ 300 kN/柱, 占比为 93.8%; 整架的初撑力主要分布范围为 0 ~ 1500 kN/架, 占比为 88.54% (表 7 - 4、图 7 - 25)。

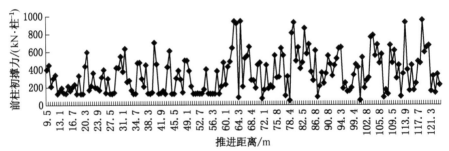

(a)14号支架前柱初撑力实测曲线

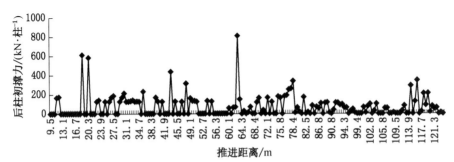

(b)14号支架后柱初撑力实测曲线

图 7-24 14 号支架前、后柱初撑力对照图

表 7-2 支架前柱最大、最小和平均初撑力测定结果

项　　目	前柱初撑力/(kN·柱$^{-1}$)					
	4 号支架	14 号支架	26 号支架	36 号支架	48 号支架	平均
最大	801.71	954.05	982.92	952.95	950.98	928.52
最小	12.89	52.23	79.21	5.5	5.09	30.98
平均	353.2159	351.09	391.47	360.73	370.96	365.49

表 7-3 支架后柱最大、最小和平均初撑力测定结果

项　　目	后柱初撑力/(kN·柱$^{-1}$)					
	4 号支架	14 号支架	26 号支架	36 号支架	48 号支架	平均
最大	290.88	811.9	671.46	630.76	675.97	616.19
最小	0	0	0	0	0	0
平均	33.96	72.99	64.52	82.46	118.82	74.55

表7-4 支架前柱、后柱和整架初撑力区间与频率分布计算结果

前 柱		后 柱		整 架	
初撑力/(kN·柱⁻¹)	频率/%	初撑力/(kN·柱⁻¹)	频率/%	初撑力/(kN·架⁻¹)	频率/%
0~200	28.32	0~200	87.46	0~500	27.35
200~400	29.95	200~400	8.8	500~1000	35.24
400~600	27.14	400~600	2.7	1000~1500	25.3
600~800	12.22	600~800	0.97	1500~2000	9.4
800~1000	2.37	800~1000	0.07	2000~4000	2.71

2）循环末支架工作阻力分布

现场实测表明：

（1）5条测线支架的最大工作阻力为3845.58 kN/架，为该型支架额定工作

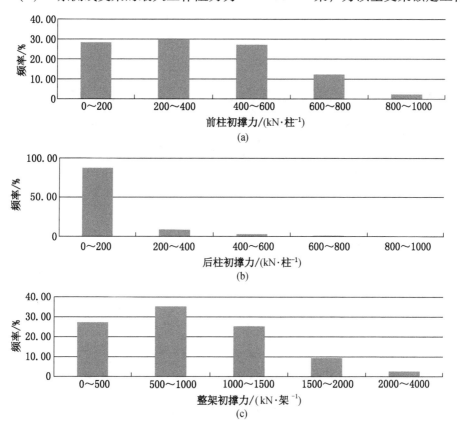

图7-25 支架前柱、后柱和整架初撑力分布直方图

阻力 3800 kN/架的 101%，最小工作阻力为 121.44 kN/架，仅为额定工作阻力的 3.2%，平均工作阻力为 1389.32 kN/架，为额定工作阻力的 36.56%（表 7-5）。由此可见，支架的工作阻力整体较小，且分布很不均匀。

表 7-5   支架最大、最小和平均循环末阻力测定结果

项　目	整架工作阻力/(kN·柱⁻¹)					
	4 号支架	14 号支架	26 号支架	36 号支架	48 号支架	平均
最大	2916.92	3594.42	2612.2	3845.58	3357.28	3265.28
最小	121.44	335.72	330.64	298.06	264.42	270.06
支架平均	1209.46	1493.77	1359.38	1389.89	1494.12	1389.32

（2）各测线支架前柱的工作阻力基本均大于后柱，依旧以 14 号支架为例，如图 7-26 所示。5 条测线支架后柱工作阻力平均值为 91.32 kN/柱，为前柱工作阻力平均值 663.35 kN/柱的 13.8%（表 7-6、表 7-7）。

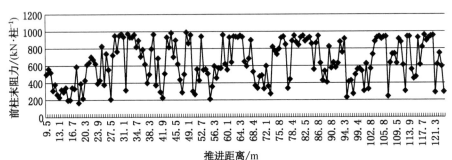

(a)14号支架前柱循环末阻力实测曲线

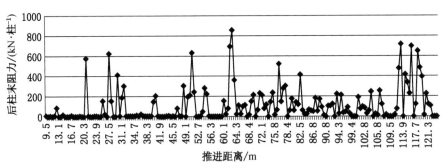

(b)14号支架后柱循环末阻力实测曲线

图 7-26   14 号支架前后柱循环末阻力对照图

表7-6　支架前柱最大、最小和平均循环末阻力测定结果

项　目	前柱工作阻力/(kN·柱⁻¹)					
	4号支架	14号支架	26号支架	36号支架	48号支架	平均
最大	1000.91	991.93	1002.1	997.01	991.93	996.78
最小	60.59	167.86	161.2	66.98	62.96	103.92
支架平均	547.99	639.98	610.26	601.15	917.35	663.35

表7-7　支架后柱最大、最小和平均循环末阻力测定结果

项　目	后柱工作阻力/(kN·柱⁻¹)					
	4号支架	14号支架	26号支架	36号支架	48号支架	平均
最大	547.11	857.93	653.65	970.33	878.17	781.44
最小	0	0	0	0	0	0
支架平均	56.74	106.91	69.43	93.80	129.70	91.32

（3）5条测线支架前柱的工作阻力主要分布范围为200～1000 kN/柱，占比为96.11%；支架后柱的工作阻力主要分布范围为0～200 kN/柱，占比为84.11%；整架的工作阻力主要分布范围为500～2000 kN/架，占比为81.19%（表7-8、图7-27）。

表7-8　支架前柱、后柱和整架循环末阻力区间与频率分布

前　　柱		后　　柱		整　　架	
工作阻力/(kN·柱⁻¹)	频率/%	工作阻力/(kN·柱⁻¹)	频率/%	工作阻力/(kN·架⁻¹)	频率/%
0～200	4.4	0～200	84.11	0～500	5.19
200～400	18.27	200～400	9.19	500～1000	22.27
400～600	27.68	400～600	4.11	1000～1500	31.89
600～800	24.43	600～800	2.16	1500～2000	27.03
800～1000	25.52	800～1000	0.43	2000～4000	13.62

2. 复采工作面来压特征

基于前后柱受力不均且后柱受力为零这一现象，提出了以支架后柱受力情况作为顶板来压特征的判别标准的假设。2015年9月22—2016年1月4日，复采工作面沿推进方向不同位置经历了8～9次周期来压，各支架部位顶板周期来压特征参数及主要来压步距见表7-9、表7-10。

223

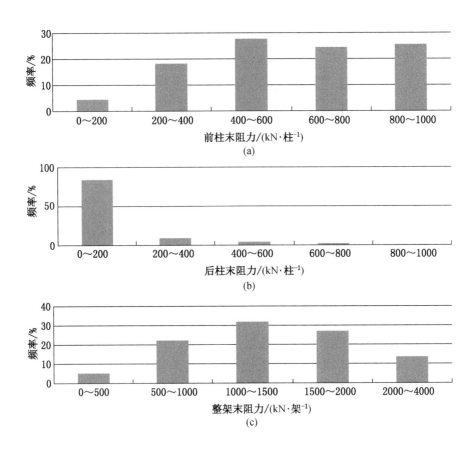

图 7-27 支架前柱、后柱和整架循环末工作阻力分布直方图

表 7-9 各支架部位顶板周期来压特征参数

支架编号 （距运输顺槽/m）	基本顶 来压次数	非来压期平均 载荷/(kN·架⁻¹)	来压期平均 载荷/(kN·架⁻¹)	来压峰值 载荷/(kN·架⁻¹)	动载 系数 K
4 号架 （5.25 m）	初次来压	1049	1562	1938	1.49
	周期来压 1	865	1654	1922	1.91
	周期来压 2	1157	1355	1836	1.17
	周期来压 3	966	1793	1999	1.86
	周期来压 4	1174	1891	2471	1.61
	周期来压 5	988	1569	2675	1.59
	周期来压 6	884	1405	1618	1.59
	周期来压 7	464	1092	1367	2.35

表 7-9（续）

支架编号 （距运输顺槽/m）	基本顶 来压次数	非来压期平均 载荷/(kN·架⁻¹)	来压期平均 载荷/(kN·架⁻¹)	来压峰值 载荷/(kN·架⁻¹)	动载 系数 K
4 号架 （5.25 m）	周期来压 8	556	1428	2440	2.57
	周期来压 9	1683	1988	2323	1.18
	周压平均	971	1575	2072	1.62
14 号架 （20.25 m）	初次来压	709	1410	2831	1.99
	周期来压 1	1201	1838	2253	1.53
	周期来压 2	1362	1593	1943	1.17
	周期来压 3	1221	1884	2594	1.54
	周期来压 4	1317	2702	3594	2.05
	周期来压 5	1250	1995	2928	1.60
	周期来压 6	1503	1787	2001	1.19
	周期来压 7	1244	2049	2352	1.65
	周期来压 8	1406	2233	3319	1.59
	周期来压 9	1532	2099	2361	1.37
	周压平局	1337	2020	2594	1.51
26 号架 （38.25 m）	初次来压	1146	1758	2197	1.53
	周期来压 1	1001	1225	2411	1.22
	周期来压 2	575	1276	2482	2.22
	周期来压 3	1596	1865	2268	1.17
	周期来压 4	1225	1825	2139	1.49
	周期来压 5	984	1470	1708	1.49
	周期来压 6	1286	2207	2360	1.72
	周期来压 7	1348	2223	2454	1.65
	周期来压 8	891	1640	2249	1.84
	周期来压 9	1104	1358	1843	1.23
	周压平均	1112	1677	2213	1.51
36 号架 （53.25 m）	初次来压	1264	2057	3235	1.63
	周期来压 1	741	1353	1882	1.83
	周期来压 2	997	2015	2497	2.02
	周期来压 3	1099	1751	1971	1.59
	周期来压 4	1238	1742	2293	1.41
	周期来压 5	993	1753	1929	1.77
	周期来压 6	1942	2788	3846	1.44

表7-9（续）

支架编号 （距运输顺槽/m）	基本顶 来压次数	非来压期平均 载荷/(kN·架⁻¹)	来压期平均 载荷/(kN·架⁻¹)	来压峰值 载荷/(kN·架⁻¹)	动载 系数 K
36 号架 (53.25 m)	周期来压 7	1603	2147	2519	1.34
	周期来压 8	877	1479	1597	1.69
	周压平均	1186	1879	2317	1.58
48 号架 (71.25 m)	初次来压	1621	1959	2645	1.21
	周期来压 1	982	1784	2512	1.82
	周期来压 2	1105	1754	2075	1.59
	周期来压 3	946	1474	2065	1.56
	周期来压 4	1015	2216	2732	2.18
	周期来压 5	1300	1664	2481	1.28
	周期来压 6	961	1905	2300	1.98
	周期来压 7	1502	2314	2816	1.54
	周期来压 8	1838	2614	3357	1.42
	周期来压 9	1519	1984	2039	1.31
	周压平局	1241	1968	2486	1.59
平均	初压平均	1158	1749	2569	1.57
	周压平均	1215	1875	2438	1.58

表7-10 工作面各测线顶板来压步距表

垮落和来压名称		步距/m					
		4 号支架	14 号支架	26 号支架	36 号支架	48 号支架	平均
直接顶初次垮落		20.3	12.5	11.3	13.1	13.1	14.5
基本顶初次来压		20.9	20.9	28.1	26.3	21.6	23.6
周期 来压	1	9.6	9	8.4	9.6	13.7	—
	2	10.2	9.6	7.2	11.4	8.4	—
	3	13.8	9	8.4	15.4	13.7	—
	4	13.9	14.9	11.9	10.6	9	—
	5	10	13.1	10.8	12.7	10.1	—
	6	11.1	10.3	11.6	14.1	14.3	—
	7	11.9	17.2	11.3	7.9	11.6	—
	8	10.5	9.1	8.4	13.9	8.4	—
	9	11.2	7.6	11.3	—	8.2	—
平均		11.4	11.1	9.9	12	10.8	12.4

226

通过以上表格可以得出：

1）1301复采工作面直接顶来压现象

各测线直接顶初次垮落步距在11.3～20.3 m之间。由于长壁工作面顶板断裂会形成弧形板结构，故靠近工作面两端头的顶板断裂步距不能真实地反映整个工作面的顶板来压特征。4号支架靠近工作面机头位置，所以其测值不能准确反映顶板的来压特征，根据其他测线判断1301复采工作面直接顶初次垮落步距为11.3～13.1 m，平均为12.5 m。

2）1301复采工作面基本顶初次来压现象

（1）5条测线基本顶初步来压步距最小为20.9 m，最大为28.1 m，平均为23.6 m。换算到复采工作面下部、中部和上部测线基本顶平均初步来压步距分别为20.9 m、28.1 m和24.0 m，特征为：中部＞上部＞下部。

（2）5条测线支架初次来压之前循环末阻力的平均值最小464 kN/架，最大2788 kN/架，平均1496 kN/架。换算到复采工作面下部、中部和上部，其初次来压之前支架平均循环末阻力分别为1570 kN/架、1394 kN/架和1476 kN/架，特征为：下部＞上部＞中部。

（3）5条测线支架初次来压期间循环末阻力平均值最小为1098 kN/架，最大为3235 kN/架，平均为1749 kN/架。换算到复采工作面下部、中部和上部，其初次来压期间支架平均循环末阻力分别为1486 kN/架、1758 kN/架和2008 kN/架，特征为：上部＞中部＞下部。

（4）由计算可知，5条测线初次来压期间动载系数最大为1.99，最小为1.21，平均为1.57。换算到复采工作面下部、中部和上部，其初次来压期间动载系数分别为1.74、1.53和1.42，特征为：下部＞中部＞上部。

3）1301复采工作面基本顶周期来压现象

（1）各测线基本顶周期来压步距最小为7.2 m，最大为17.2 m，平均为11 m。换算到复采工作面下部、中部和上部，基本顶平均周期来压步距分别为11.4 m、9.9 m和11.2 m，特征为：下部＞上部＞中部。

（2）5条测线支架非周期来压期间循环末阻力平均值最小为464 kN/架，最大为1942 kN/架，平均为1169 kN/架。换算到复采工作面下部、中部和上部，其非周期来压期间支架平均循环末阻力分别为1215 kN/架、1112 kN/架和1154 kN/架，特征为：下部＞上部＞中部。

（3）5条测线支架周期来压期间循环末阻力平均值最小为1092 kN/架，最大为2788 kN/架，平均为1822 kN/架。换算到复采工作面下部、中部和上部，其周期来压期间支架平均循环末阻力分别为1925 kN/架、1677 kN/架和1798 kN/架，特征为：下部＞上部＞中部。

（4）由计算可知，5 条测线周期来压期间动载系数最大为 2.57，最小为 1.17，平均为 1.62。换算到复采工作面下部、中部和上部，其周期来压期间动载系数分别为 1.63、1.56 和 1.64，特征为：上部＞下部＞中部。

3. 支架对顶板的适应性分析

1）支架初撑力的适应性

1301 工作面 ZF3800/15/23 型支撑掩护式液压支架的设计初撑力为 3206 kN，5 个观测支架各循环的最小、最大和平均初撑力及其利用率见表 7 - 11。在 5 个支架中，实测的最小初撑力为 26～185 kN，平均 131 kN，最小利用率为 0.8%～5.8%，平均 4.1%；实测的最大初撑力为 1796～3509 kN，平均 2519 kN，最大利用率为 56%～109%，平均 78.6%。实测的平均初撑力为 774～980 kN，平均 880 kN，平均利用率 24.1%～30.6%，平均 27.4%。由此可见，1301 工作面支架的设计初撑力利用率表现为分布不均匀，且整体偏低，这就给了顶板充分变形的空间，极大地不利于顶板的稳定。因此必须要加强支架操作工人的技术培训。

表 7 - 11 各测线支架在各循环最小、最大和平均初撑力及其利用率

名称		4 号支架	14 号支架	26 号支架	36 号支架	48 号支架	平均
最大	初撑力/kN	1796	3509	2409	2393	2490	2519
	利用率/%	56	109	75.1	74.6	77.7	78.6
最小	初撑力/kN	26	152	158	185	132	131
	利用率/%	0.8	4.7	4.9	5.8	4.1	4.1
平均	初撑力/kN	774	848	912	886	980	880
	利用率/%	24.1	26.5	28.4	27.6	30.6	27.4

2）支架额定工作阻力的适应性

5 个支架部位来压期间循环末的最大和平均阻力及其利用率见表 7 - 12。计算复采工作面支架的合理工作阻力 P：

$$P = P_m + k\hat{\sigma}_m \tag{7-1}$$

式中 P_m——各支架在初次来压期间各循环末阻力的平均值，计算得 1749 kN；

$\hat{\sigma}_m$——各支架在来压期间最大载荷的均方差，计算得 511 kN；

k——置信度系数，一般取值范围为 1～1.15。

通过计算可得 1301 工作面支架的合理工作阻力 $P = 2260～2337$ kN。

表7-12　各支架来压期间循环末最大和平均阻力及其利用率

名　　称		4号支架	14号支架	26号支架	36号支架	46号支架	平均
最大	循环末阻力/kN	2917	3594	2612	3845	3357	3265
	利用率/%	76.8	94.6	68.7	101.2	88.3	85.9
平均	循环末阻力/kN	1209	1494	1359	1390	1494	1389
	利用率/%	31.8	39.3	35.8	36.6	39.3	36.6

3）支架偏载分析

对于复采综放工作面而言，由于周期性的放顶煤，支架上方顶煤和顶板处于"相对稳定"与"动态变化"的相互转换过程，再加上复采引起顶煤的不连续性，加剧了支架载荷的动态变化性和"支架－围岩"关系的非稳定性。为了准确理解复采综放工作面支架与围岩的相互作用，对支架前后立柱的受力情况进行了统计分析。分析表明，支架前后立柱的载荷呈现极大反差，即前柱已经达到额定工作阻力而后柱受力很小或者不受力。在所监测的5架支架中，由于顶板施加到支架上载荷的合力作用点位于支架顶梁的前部，造成支架前柱受力较大，而后柱不受力，甚至出现了支架后柱拉断的现象，如图7-28所示。图7-29是对支架前柱与后柱工作阻力差值大小范围所占比例的分布情况统计结果。统计分析表明，工作面支架前柱工作阻力大部分大于后柱，其中前、后柱阻力差值为负值所占的比例为3.2%；0～200 kN占比为10.4%；200～400 kN占比为19.9%；400～600 kN占比为28.1%；600～800 kN占比为20.5%；800～

图7-28　支架低头及后立柱拉断

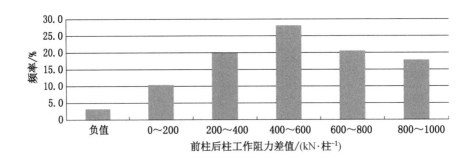

图 7 - 29　支架前柱与后柱工作阻力差值大小范围所占比例的分布情况

1000 kN 占比为 17.8% 。由此反映残煤复采综放开采支架前、后立柱受力不均的特点尤为显著。

　　通过以上分析可知：圣华煤业所使用液压支架初撑力偏低，为设计值的 20% 。以后生产过程中应加强对初撑力的管理，最大限度地提高支架的初撑力，以防止工作面煤壁片帮和端面冒漏的发生。根据实测支架前后柱受力不均，偏载现象严重，分析其原因可归结为两点：①受前方斜交空巷影响，工作面顶板可能出现超前断裂，而断裂后的顶板沿工作面前方空巷切顶下沉，顶板作用到支架合力作用点向支架顶梁前端转移，从而引发支架前柱受力较大，后柱受力较小或不受力的情况；②对于放顶煤而言，当支架放顶煤后支架顶梁后部出现空顶，由于 1301 工作面选用的是短顶梁的液压支架，放顶后支架顶梁空顶的范围易超出顶板中部，使得上覆岩层作用到支架上的载荷向前柱转移，从而引起偏载。

　　1301 复采工作面存在两点不足：①旧采巷道采前处置不合理或未进行采前处置；②支架顶梁较短，虽然支架支护强度较高，但整体支架的工作阻力较小，不适宜用于残煤复采放顶煤工作面。由此建议在以后的复采工作面选用两柱掩护式放顶煤支架或选用顶梁较长、工作阻力较大的四柱支撑掩护式支架。这就要求工作面回采前必须采用不同的方式处置空巷并进一步加大充填力度和提高充填质量，保证空巷内支撑体的支护强度，从而改变工作面支架的受力状况，保证工作面顶板和煤壁的稳定性。

　　4. 复采工作面过冒顶区支架的阻力特性分析

　　图 7 - 30 ~ 图 7 - 34 为工作面 5 条测线支架前、后柱以及整架的载荷在进出冒顶区前后的工作阻力随推进距离变化曲线图。

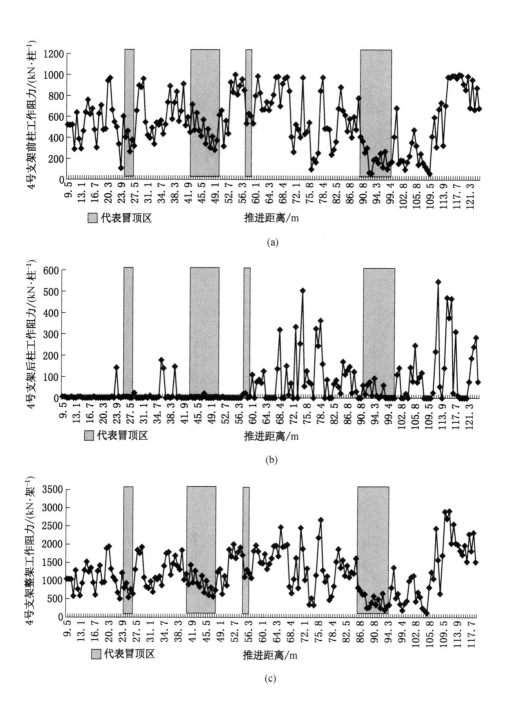

图 7-30　4 号支架工作阻力与冒顶区揭露情况

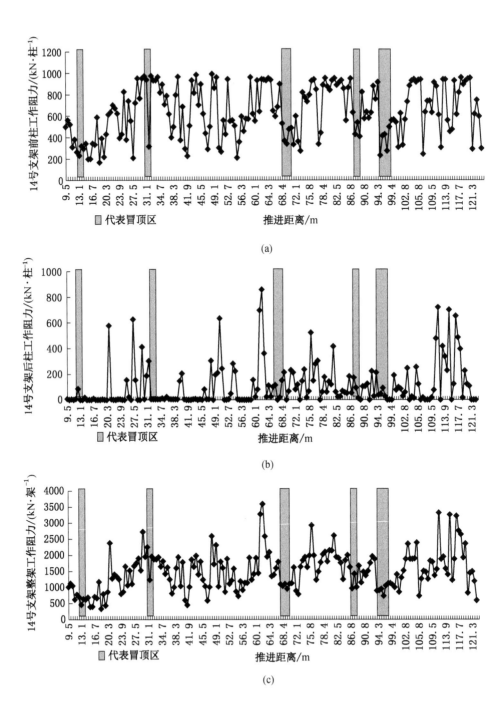

图 7-31 14 号支架工作阻力与冒顶区揭露情况

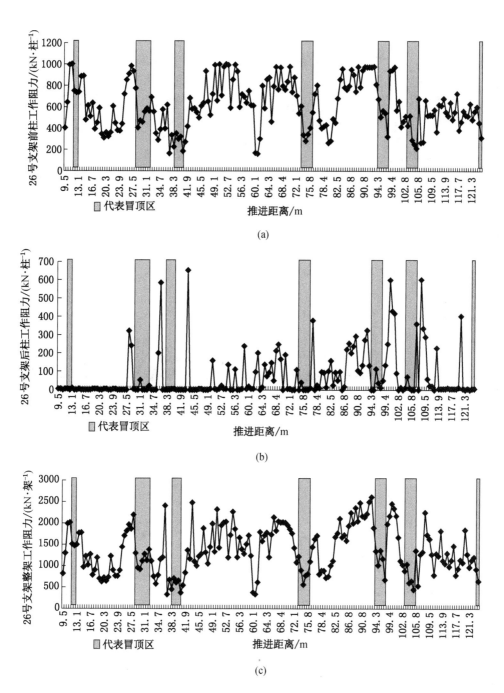

图 7-32　26 号支架工作阻力与冒顶区揭露情况

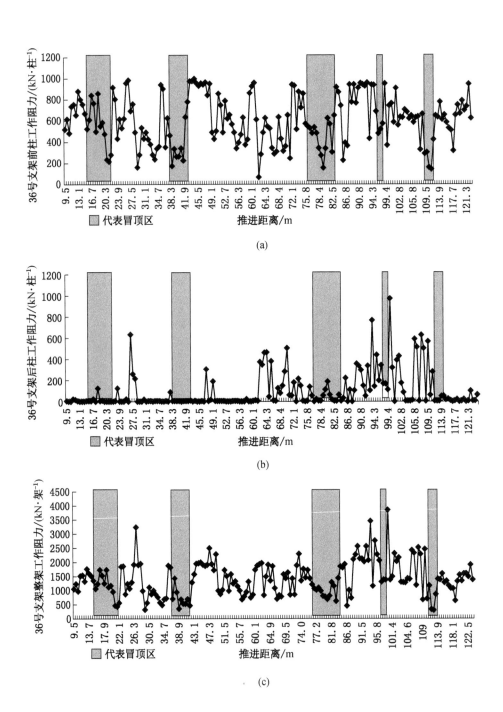

图 7-33 36 号支架工作阻力与冒顶区揭露情况

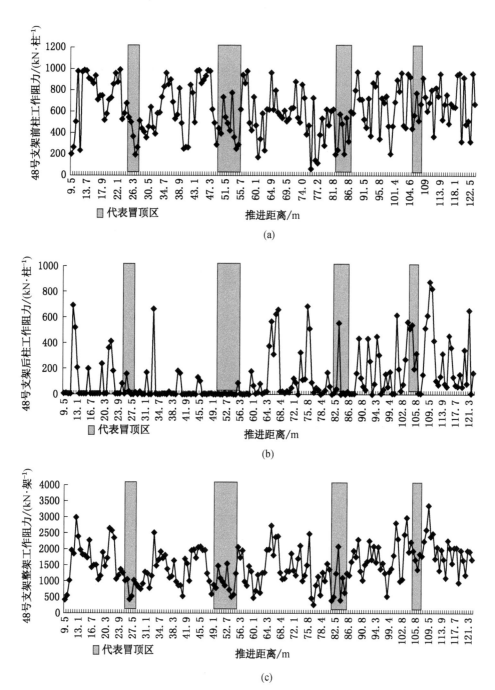

图 7－34　48 号支架工作阻力与冒顶区揭露情况

结合复采工作面回采时冒顶区的揭露情况，分别统计各测线支架在冒顶区内及中间煤柱内前柱、后柱的实际工作阻力，见表7-13～表7-16。

表7-13 冒顶区内各测线支架前柱最大、最小和平均工作阻力

项　目	前柱工作阻力/(kN·柱⁻¹)					
支架编号	4 号	14 号	26 号	36 号	48 号	平均
最大	898	974	776	860	971	896
最小	61	232	186	143	193	163
支架平均	387	456	466	444	570	465

表7-14 冒顶区内各测线支架后柱最大、最小和平均工作阻力

项　目	后柱工作阻力/(kN·柱⁻¹)					
支架编号	4 号	14 号	26 号	36 号	48 号	平均
最大	93	303	323	188	320	245
最小	0	0	0	0	0	0
支架平均	14	73	29	32	38	37

表7-15 中间煤柱内各测线支架前柱最大、最小和平均工作阻力

项　目	前柱工作阻力/(kN·柱⁻¹)					
支架编号	4 号	14 号	26 号	36 号	48 号	平均
最大	1001	992	1002	997	992	997
最小	61	168	161	67	63	104
支架平均	587	665	645	641	626	633

表7-16 中间煤柱内各测线支架后柱最大、最小和平均工作阻力

项　目	后柱工作阻力/(kN·柱⁻¹)					
支架编号	4 号	14 号	26 号	36 号	48 号	平均
最大	547	858	654	970	878	781
最小	0	0	0	0	0	0
支架平均	67	111	80	109	147	103

分析以上各图、表可得：

（1）各测线支架在冒顶区内时，支架前柱工作阻力平均为 465 kN/柱，后柱工作阻力平均为 37 kN/柱；在冒顶区中间煤柱内时，支架前柱工作阻力平均为 633 kN/柱，后柱工作阻力平均为 103 kN/柱。无论前柱还是后柱，支架在中间煤柱中的工作阻力均大于支架位于冒顶区内的工作阻力。

（2）各测线支架无论是处于冒顶区内，还是处于冒顶区中间煤柱内，支架后柱工作阻力基本达不到前柱工作阻力的 20% 。

（3）沿工作面方向，支架载荷呈现中间大、两端小的特点，支架位于冒顶区内时，上部支架平均工作阻力为 899 kN，中部支架平均工作阻力为 1067 kN，下部支架平均工作阻力为 991 kN。支架位于煤体中时，上部支架平均工作阻力为 1435 kN，中部支架平均工作阻力为 1523 kN，下部支架平均工作阻力为 1449 kN。复采工作面支架处于不同围岩条件下时，其工作阻力均表现为中部较大。

（4）冒顶区前后支架工作阻力明显增大的范围与冒顶区的宽度呈正相关的关系，即冒顶区宽度越大，冒顶区前后支架工作阻力增高区的范围越大。

（5）各测线支架在即将进入冒顶区时，支架工作阻力明显增大，此时支架工作阻力达到峰值，工作面进入冒顶区时，支架工作阻力明显变小。由于支架前柱工作阻力的变化更为显著，更能直观地反映复采工作面进出冒顶区支架工作阻力的变化，故本节只列举支架前柱的变化：4 号支架在冒顶区前 3～5 m 内，支架前柱平均工作阻力为 556 kN/柱，在冒顶区内推进时，支架前柱平均工作阻力为 402 kN/柱，前者约为后者的 1.4 倍；14 号支架在冒顶区前 5～7 m 内，支架前柱平均工作阻力为 564 kN/柱，在冒顶区内推进时，支架前柱平均工作阻力为 459 kN/柱，前者约为后者的 1.2 倍。26 号支架在冒顶区前 2～5 m 内，支架前柱平均工作阻力为 739 kN/柱，在冒顶区内推进时，支架前柱平均工作阻力为 569 kN/柱，前者约为后者的 1.2 倍。36 号支架在冒顶区前 2～6 m 内，支架前柱平均工作阻力为 702 kN/柱，在冒顶区内推进时，支架前柱平均工作阻力为 377 kN/柱，前者约为后者的 1.8 倍。48 号支架在冒顶区前 3～7 m 内，支架前柱平均工作阻力为 722 kN/柱，在冒顶区内推进时，支架前柱平均工作阻力为 493 kN/柱，前者约为后者的 1.4 倍。实测结果表明：复采工作面即将进入冒顶区时的支架工作阻力明显大于工作面位于冒顶区内时的支架工作阻力。

7.3　本章小结

7.3.1　数值模拟研究结果

在对工作面液压支架工作阻力的研究及液压支架选型的基础上，运用数值模拟软件分析 ZFS5600 – 16/32 型液压支架过空巷矿压显现规律、围岩变形情况及支架对顶板的适应性，可得以下结论：

（1）当工作面前方煤柱宽度达到 6 m 时，关岭山煤矿复采工作面回采时，煤柱能够保持稳定，工作面可安全通过煤柱。

（2）当工作面前方煤柱宽度为 6 ~ 9 m 时，初次来压时，后排立柱受力分别占前排立柱的 93.53%、92.49%、93.01%、94.77%，初次来压步距为 37 ~ 38 m，周期来压步距为 9.66 ~ 15 m，来压最大工作阻力均未超过支架额定工作阻力，支架无严重偏载现象，顶板压力主要作用在前柱上。

（3）当煤柱宽度为 6 ~ 9 m 时，支架在空巷内的平均工作阻力分别为 4212.37 kN、4199.20 kN、4178.79 kN、4093.389 kN，在煤柱内为 4335.01 kN、4274.89 kN、4183.98 kN、4151.06 kN，支架由空巷进入煤柱时，阻力增大，在煤柱内阻力平均值大于在空巷内。

（4）回采过程中，工作面前方煤柱宽度为 6 ~ 9 m 时，回采过程中支架工作阻力平均利用率分别为 73.72%、72.96%、71.72%、71.71%，煤柱宽度越小，阻力利用率越高。在空巷内，支架后柱平均工作阻力为前柱的 84.94%、90.53%、91.59%、89.63%；在煤柱内，后柱平均工作阻力为前柱的 87.72%、89.66%、88.47%、88.46%；回采过程中，后柱平均工作阻力为前柱的 89.51%、88.19%、87.49%、88.11%。因此，不论支架处于空巷、煤柱内还是回采过程中，支架受力均集中在前柱，支架在煤柱内较在空巷内前后柱受力不均现象更加明显，但整体未出现严重偏载现象。

7.3.2 现场实测结果

根据圣华煤业 1301 工作面回采实际揭露情况，圣华煤业 1301 复采工作面推进 0 ~ 123.9 m 范围内共揭露了 15 条旧巷，其中 6 条与工作面斜交，9 条与工作面垂直，并不存在与工作面平行或近似平行的空巷。对在工作面推进期间的矿压实测结果进行分析，得出结论如下：

（1）各条测线支架整架的初撑力整体偏低，并且分布极不均匀。各循环前柱的初撑力明显大于后柱的初撑力，后柱初撑力平均值为前柱的 20.4%。

（2）支架前后柱工作阻力不均，前柱工作阻力始终大于后柱，后柱工作阻力为前柱工作阻力的 13.8%，偏载现象严重，分析其原因可归结为两点：①受前方斜交空巷影响，工作面顶板可能出现超前断裂，而断裂后的顶板沿工作面前方空巷切顶下沉，顶板作用到支架的合力作用点向支架顶梁前端转移；②由于 1301 工作面选用的是短顶梁的液压支架，放顶后支架顶梁空顶的范围易超出顶板中部，使得上覆岩层作用到支架上的载荷向前柱转移，从而引起偏载。

（3）基于前后柱受力不均且后柱受力为零这一现象，提出了以支架前柱受力情况作为顶板来压特征的判别标准，各测线支架基本顶初次来压步距最小

20.9 m，最大28.1 m，平均23.6 m；周期来压步距最小7.2 m，最大17.2 m，平均12.4 m。

（4）对支架进行适应性分析表明：圣华煤业目前所使用支架初撑力偏低，不足设计值的20%，偏载现象严重，架型不太合理，支架工作阻力偏低。所以建议同类复采工作面选用两柱掩护式放顶煤支架或选用顶梁较长、工作阻力较大的四柱支撑掩护式支架。

（5）沿工作面方向，支架载荷呈现中部大，端头小的特点。支架位于冒顶区下，上部支架平均工作阻力为899 kN，中部支架平均工作阻力为1067 kN，下部支架平均工作阻力为991 kN。支架位于煤体中时，上部支架平均工作阻力为1435 kN，中部支架平均工作阻力为1523 kN，下部支架平均工作阻力为1449 kN。

（6）支架进入冒顶区前后支架工作阻力明显增大，而且增大的范围与冒顶区的宽度呈正相关的关系，即冒顶区宽度越大，冒顶区中间煤柱支架工作阻力增高区的范围越大；同时工作面进入冒顶区时，支架工作阻力明显变小。实测结果表明，工作面在冒顶区前2～7 m范围内，支架工作阻力明显增大，支架前柱平均工作阻力为656 kN/柱，后柱平均工作阻力为103 kN/柱，整架平均工作阻力为1472 kN/柱，而进入冒顶区时支架工作阻力显著降低，支架前柱平均工作阻力为460 kN/柱，后柱平均工作阻力为37 kN/柱，整架平均工作阻力为1004 kN/柱，前者分别是后者的1.4倍、2.8倍和1.5倍。

参 考 文 献

[1] 张金锁，姚书志，齐琪，等. 我国煤炭资源安全绿色高效开发研究综述 [J]. 资源与产业，2013，15 (2)：73 – 78.

[2] 王建华. 煤炭经济发展态势与对策研究 [J]. 科技创新与应用，2014，4：236.

[3] 郑行周. 高效采煤对煤炭可持续开采影响研究 [D]. 北京：中国矿业大学（北京），2004.

[4] 焦雪峰. 厚煤层旧采区复采矿压规律及其应用研究 [D]. 太原：太原理工大学，2016.

[5] 张耀荣，高峰. 莒山矿 3 ~ #煤层残煤复采的实践 [J]. 矿山压力与顶板管理，1998 (02)：20 – 22.

[6] 宋振骐. 实用矿山压力控制 [M]. 徐州：中国矿业大学出版社，1988.

[7] 钱鸣高，石平五. 矿山压力与岩层控制 [M]. 徐州：中国矿业大学出版社，2003.

[8] 钱鸣高，缪协兴，何富连. 采场"砌体梁"结构的关键块分析 [J]. 煤炭学报，1994，19 (6)：557 – 562.

[9] 钱鸣高，李鸿昌. 采场上覆岩层活动规律及其对矿山压力的影响 [J]. 煤炭学报，1982 (2)：1 – 12.

[10] 钱鸣高，何富连，王作棠，等. 再论采场矿山压力理论仁 [J]. 中国矿业大学学报，1994，23 (3)：1 – 9.

[11] 翟新献，邵强，王克杰，等. 复采残采煤层小煤矿开采技术研究 [J]. 中国安全科学学报，2004 (04)：51 – 54 + 2.

[12] 陆刚. 衰老矿井残煤可采性评价与复采技术研究 [D]. 徐州：中国矿业大学，2010.

[13] Kumar Rakesh, Singh Arun Kumar, Mishra Arvind Kumark Singh Rajendra. Underground mining of thick coal seams [J]. International Journal of Mining Science and Technology, 2015, 25 (6): 885 – 896.

[14] 张小强. 厚煤层残煤复采采场围岩控制理论及其可采性评价研究 [D]. 太原：太原理工大学，2015.

[15] 张小强. 厚煤层残采后资源再回收的试验与研究 [D]. 太原：太原理工大学，2011：27 – 43.

[16] 许孟和. 旧采残煤长壁综采围岩控制及安全保障技术研究 [D]. 太原：太原理工大学，2012：21 – 40.

[17] 钱鸣高，石平五. 矿山压力与岩层控制 [M]. 徐州：中国矿业大学出版社，2003.

[18] 崔广心. 相似理论与模拟实验 [M]. 徐州：中国矿业大学出版社，1990.

[19] 林韵梅. 实验岩石力学模拟研究 [M]. 北京：煤炭工业出版社.

[20] 王开，弓培林，张小强，等. 复采工作面过冒顶区顶板断裂特征及控制研究 [J]. 岩石力学与工程学报，2016，35 (10)：2080 – 2088.

[21] 白培中. 近距离煤层采空区残煤综放复采技术研究与应用 [J]. 中国煤炭，2010，36 (09)：48 – 50.

［22］李超. 复采工作面矿压显现规律及过冒顶区顶板断裂特征研究 ［D］. 太原：太原理工大学，2016.

［23］江东海，弓培林，杜志铎. 过空巷群残煤复采液压支架额定工作阻力确定 ［J］. 煤矿机械，2015，36（02）：210－212.

［24］刘畅，弓培林，王开，等. 复采工作面过空巷顶板稳定性 ［J］. 煤炭学报，2015，40（02）：314－322.

［25］刘畅，张俊文，杨增强，等. 工作面过空巷基本顶超前破断机制及控制技术 ［J］. 岩土力学，2018（04）：1－10

［26］刘畅，刘正和，张俊文，等. 工作面长度对覆岩空间结构演化及大采高采场矿压规律的影响 ［J］. 岩土力学，2018，39（02）：691－698.

［27］刘畅，杨增强，弓培林，等. 工作面过空巷基本顶超前破断压架机理及控制技术研究 ［J］. 煤炭学报，2017，42（08）：1932－1940.

［28］伊康，魏昌彪，尚奇，等. 综放复采面过空巷支架适应性数值模拟研究 ［J］. 矿业研究与开发，2017，37（02）：74－77.

［29］张佳飞，王开，张小强，等. 膏体充填材料在残采巷道支护中的蠕变特性分析 ［J］. 矿业研究与开发，2018，38（03）：95－99.

［30］J. Palarsk. The experimental and practical results of applying backfill，innovations in Mining Backfill Technology ［J］. Proceedings of the 4th international symposium on mining with backfill. Montreal. 2－5 october 1989.

［31］张佳飞，王开，张小强，等. 蠕变破坏影响下残采煤柱宽度数值研究 ［J］. 矿业研究与开发，2017，37（11）：51－54.

［32］王昕，翁明月. 特厚煤层小煤矿采空区探测与充填复采技术 ［J］. 煤炭科学技术，2012，40（10）：41－44＋48.

［33］徐忠和，赵阳升，高红波，等. 旧采残煤综合机械化长壁复采的几个问题 ［J］. 煤炭学报，2015，40（S1）：33－39.

［34］刘士奇. 复采工作面过空巷（群）顶板煤岩结构及控制 ［D］. 太原：太原理工大学，2017.

［35］Selden T，Song D. Environmental quality and development：is there a Kuznets curv for air Pollution emissions ［J］. Journal of Environmental Economics and Management，1994，27（2）.

［36］Veil，John A. Potential benefits from and barriers against coal remining ［C］. Proceedings of the Mid－Atlantic Industrial Waste Conference. 1993：468－477.

［37］柏建彪，侯朝炯. 空巷顶板稳定性原理及支护技术研究 ［J］. 煤炭学报，2005，30（1）：8－11.

［38］杜科科. 千万吨综采工作面等压过空巷技术研究 ［D］. 青岛：山东科技大学，2011.

［39］侯忠杰. 组合关键层理论应用研究及参数确定 ［J］. 煤炭学报，2001，26（6）：611－615.

［40］周保精，徐金海，吴锐，等. 特厚煤层小窑采空区充填复采技术研究与应用 ［J］. 采矿

与安全工程学报，2012，29（3）：317—321.

[41] Qian M. G, He F. L, Zhu D. R. Monitoring indices for the support and surrounding strata on alongwall face [C]. The 11th International Conference on Ground Control in Mining, The University of Wollongong, 1992：25 – 262.

[42] 徐永圻. 煤矿开采学 [M]. 徐州：中国矿业大学出版社，1999.

[43] Lamb G J. Coal Mining in France, 1873 to 1895 [J]. Journal of Economic History, 1977, 37（1）：255 – 257.

[44] 吴建. 我国放顶煤开采的理论与实践 [J]. 煤炭学报，1991，16（3）：1 – 11.

[45] 靳钟铭. 放顶煤开采理论与技术 [M]. 北京：煤炭工业出版社，2001.

[46] K. Scott Keim, Marshaller. Case study evaluation of geological influences impacting mining conditions at a West Virginia long wall mine [J]. International Journal of Coal Geology, 1999 （41）：51 – 71.

[47] 贾喜荣，翟英达. 采场薄板矿压理论与实践综述 [J]. 矿山压力与顶板管理，1999，No3 – 4：22 – 25.

[48] 丁光文，陈付生. 块体理论及其应用实例研究 [J]. 武汉钢铁学院学报，1995，18 （3）：260 – 263.

[49] 李红涛，刘长友，汪理全. 上位直接顶"散体拱"结构的形成及失稳演化 [J]. 煤炭学报，2008，33（4）：378 – 381.

[50] 冯国瑞. 残采期上行开采基础理论及应用的研究 [D]. 太原：太原理工大学，2009.

[51] 杨本生，洛锋，刘超，等. 碎裂顶板固结综采复采技术应用 [J]. 中国煤炭，2009，22 （1）：17 – 21.

[52] 陆刚. 衰老矿井残煤可采性评价与复采技术研究 [D]. 徐州：中国矿业大学，2010.

[53] 邓保平. 汾西新柳煤矿小煤窑破坏区复采技术研究 [D]. 北京：中国矿业大学（北京），2013.

[54] 贾悦谦. 我国煤矿开采技术 [J]. 煤炭科学技术，1981，（4）：12 – 18.

[55] 陆士良. 缓倾斜厚煤层采煤方法的研究现状 [J]. 北京矿业学院学报，1959，（3）：11 – 15.

[56] 彭文斌. 厚煤层注水再生顶板的研究 [J]. 湘潭矿业学院学报，1993，（2）：58 – 63.

[57] 钱鸣高，许家林. 岩层控制中的关键层理论研究 [J]. 煤炭学报，1996，21（3）：226 – 230.

[58] Qian Ming gao. A study of the behaviour of overlying strata in longwall mining and its application to strata control [M]. Strata Mechanies, Elsevier Scientific Publishing Company, 1982.

[59] Qian M. G, He F. L. The behaviour of the mainroof in longwall minging：Weighting Span, fracture and disturbance [C]. J of Mine, Metals & Fuels, 1989：240 – 246.

[60] 宋扬，宋振骐. 采场支承压力显现规律与上覆岩层的运动关系 [J]. 煤炭学报，1984 （1）：47 – 55.

[61] 贾喜荣. 岩石力学与岩层控制 [M]. 徐州：中国矿业大学出版社．

［62］弓培林，胡耀青，赵阳升，等．带压开采底板变形破坏规律的三维相似模拟研究［J］．岩石力学与工程学报，2005，23：4396－4402.

［63］李鸿昌．矿山压力的相似模拟试验［M］．徐州：中国矿业大学出版社，1988.

［64］张小强，王安，弓培林，等．工作面过旧采区时围岩结构及稳定性分析［J］．煤矿安全，2014，45（11），180－186.

［65］冯国瑞．采场覆岩面接触块体结构研究［D］．太原：太原理工大学，2002.

［66］张自政，柏建彪，韩志婷，等．空巷顶板稳定性力学分析及充填技术研究［J］．采矿与安全工程学报，2013，30（2），194－198.

［67］王连国，王学知，等．条带开采煤柱破坏宽度计算分析［J］．岩土工程学报，2006，28（6）：767－769.

［68］贾双春，王家臣，朱建明，等．厚煤层窄煤柱沿空掘巷中煤柱极限核区计算［J］．中国矿业，2011，20（12）：81－84.

［69］张顶立．综放工作面煤岩稳定性研究及控制［D］．徐州：中国矿业大学，1995.

［70］Xiaoqiang Zhang，Kai Wang，An Wang，Peilin Gong．Analysis of internal pore structure of coal by micro－computed tomography and mercury injection［J］．International Journal of Oil，Gas and Coal Technology，2016，12（1）：38－50.

［71］弓培林．大采高采场围岩控制理论及应用研究［D］．太原：太原理工大学，2006.

［72］杨泽，侯克鹏，乔登攀．我国充填技术的应用现状与发展趋势［J］．矿业快报，2008，24（4）：1－5.

［73］R. Pan，P. W. Wypych. Pressure drop and slug velocity in low－velocity pneumatic conveying of bulk solids［J］．Powder Technology 1997，Vol. 94：123－132.

［74］陈忠辉，谢和平，李全生．长壁工作面采场围岩铰接薄板组力学模型研究［J］．煤炭学报，2005，30（2）：172－176.

［75］侯忠杰．组合关键层理论应用研究及参数确定［J］．煤炭学报，2001，26（6）：611－615.

［76］王连国，缪协兴．煤柱失稳的突变学特征研究［J］．中国矿业大学学报，2009，36（1）：7－11.

［77］吴志刚，翟明华，周廷振．徐州西部矿区坚硬顶板来压预测预报［J］．岩石力学与工程学报，1996，15（2）：163－170.

［78］周廷振，缪协兴，许家林．采场来压预测预报的力学分析［J］．采矿与安全工程学报，1995，22（2）：21－22.

图书在版编目（CIP）数据

厚煤层残煤复采采掘工作面围岩控制技术及矿压显现
规律/王开著．－－北京：应急管理出版社，2020
ISBN 978－7－5020－8128－7

Ⅰ．①厚… Ⅱ．①王… Ⅲ．①厚煤层采煤法—围岩控
制 ②矿山压力分布规律 Ⅳ．①TD823.25 ②TD31

中国版本图书馆 CIP 数据核字（2020）第 098617 号

厚煤层残煤复采采掘工作面围岩控制技术及矿压显现规律

著　者	王　开	
责任编辑	武鸿儒	
责任校对	邢蕾严	
封面设计	王　滨	

出版发行　应急管理出版社（北京市朝阳区芍药居 35 号　100029）
电　话　010－84657898（总编室）　010－84657880（读者服务部）
网　址　www. cciph. com. cn
印　刷　北京虎彩文化传播有限公司
经　销　全国新华书店

开　本　710mm×1000mm$^1/_{16}$　**印张**　15$^3/_4$　**字数**　289 千字
版　次　2020 年 6 月第 1 版　2020 年 6 月第 1 次印刷
社内编号　20200212　　　　**定价**　68.00 元